职业教育电工电子类基本课程系列教材

数字电路基础与实训

白炽贵　江　敏　主　编
幸晓光　陈志明　副主编

電子工業出版社
Publishing House of Electronics Industry
北京 • BEIJING

内 容 简 介

本书是面向职业学校的数字电路实训教材，学生直接从常用数字IC的功能下手，以分析电路图、焊接电路板、通电验效果的实训方式，生动直观地学习数字集成电路应用技术。

全书共7章：数字电路基础；常用数字集成门电路实训；常用组合逻辑电路实训；常用时序逻辑电路实训；模/数转换、数/模转换实训；半导体存储器写读实训；16路实用抢答器的设计与制作实训。全书实训梯级展开，由浅入深，引人入胜，能吸引学生的学习兴趣，16路抢答器甚至还可形成产品。对每一实训，书中都给出了实训电路板元件定位图和实训电路板焊接布线图，能指导学生成功完成实训。实训内容面广、量大、质优和层次丰富，可让读者从简单的数字IC引脚排列、功能表和功能验证等学习，走进深刻的数字系统应用设计。

为方便教学，本书配有电子教案和教学指南及习题答案。电子教案包括了书中所有实训的实训电路图、实训电路板元件定位照片、实训电路板焊接布线照片以及关于实训电路板通电验证的演示视频，可在电脑屏幕上放大后指导学生的电路板焊接安装及通电验证。

本书适用于职业院校及大中专院校作为教材，也适合作为社会人员培训及自学用书。

图书在版编目（CIP）数据

数字电路基础与实训/白炽贵，江敏主编. —北京：电子工业出版社，2014.6

职业教育电工电子类基本课程系列教材

ISBN 978-7-121-23405-7

Ⅰ. ①数… Ⅱ. ①白… ②江… Ⅲ. ①数字电路－高等职业教育－教材 Ⅳ. ①TN79

中国版本图书馆CIP数据核字（2014）第116724号

策划编辑：杨宏利
责任编辑：杨宏利
印　　刷：北京虎彩文化传播有限公司
装　　订：北京虎彩文化传播有限公司
出版发行：电子工业出版社
　　　　　北京市海淀区万寿路173信箱　邮编 100036
开　　本：787×1 092　1/16　印张：11.5　字数：294.4千字
版　　次：2014年6月第1版
印　　次：2025年2月第14次印刷
定　　价：28.00元

凡所购买电子工业出版社图书有缺损问题，请向购买书店调换。若书店售缺，请与本社发行部联系，联系及邮购电话：（010）88254888，88258888。

质量投诉请发邮件至 zlts@phei.com.cn，盗版侵权举报请发邮件至 dbqq@phei.com.cn。

本书咨询联系方式：（010）88254592，bain@phei.com.cn。

前　言

本书是面向职业学校的数字电路实训教材，学生以焊接电路板并通电验证的实训方式来学习数字电路应用技术。全书共 7 章。

第 1 章简要介绍学习数字电路必备的基础知识，包括数字电路的特点，以及数字 IC、逻辑代数、门电路、数制和编码的精要简介。

第 2 章是关于 74HC08、74HC32、74HC04、74HC14、74HC00 和 74HC86 六片常用数字集成门电路的 8 个实训。

第 3 章是 74HC148、74HC138、74HC157、74HC85、74HC283、74LS248 和 CD4511 七种常用组合逻辑电路的 7 个实训。

第 4 章是关于 74HC279、74HC74、74HC109、74HC123、74HC221、74HC573、CD4017、CD4015、74HC194、74HC595、74HC393 和 74HC192 这 12 种常用时序逻辑电路的 12 个实训。

第 5 章是关于 ADC0809 模/数转换及 DAC0832 数/模转换的实训。

第 6 章是关于 W27C512、27512、27256、27128、2817A、2864 六种存储器编程实训和 HM6264 的写读实训，为更深刻掌握随机存储器的读写原理和失电保护技术，还特意安排了一个 16×16 点阵 LED 汉字显示屏电路实训。

第 7 章是关于 16 路实用抢答器的设计与制作实训。它综合应用了前面章节的 8 路数显抢答器实训、74HC192BCD 加减计数器实训和 W27C512 编程实训等数字电路应用技术，把学生从数字 IC 的功能验证学习层面，提升到了数字电路的应用开发远景。

全书实训由浅入深，引人入胜，能吸引学生的学习兴趣，16 路抢答器甚至还可形成产品。对每一实训，书中都给出了实训电路板元件定位图和实训电路板焊接布线图，能指导学生成功完成实训。实训内容做到了面广、量大、质优和梯级展开。数字电路最容易安装成功，最能让学生在赏心悦目的操作实训中学习技能技术。学生在学习和掌握数字电路技术的同时，还能大大提高焊接技术工艺，增强岗位责任感。此外，还可开发学生的电路设计潜能。

为方便教学，本书配有电子教案和教学指南及习题答案。电子教案包括了书中所有的数字 IC 的引脚排列图和功能表、每个实训的实训电路图、实训电路板元件定位照片、实训电路板焊接布线照片以及关于实训电路板通电验证的演示视频，是课堂教学时最有用最方便的多媒体资料。

本书是多位作者多年数字电路教学的结晶，而且在融入学校电子专业教学教改过程中，发挥了重要作用，在研发过程中得到了重庆市綦江职业教育中心舒楚彪校长和电子专业全体教师的大力支持和指导，在此，谨向他们表示衷心的感谢。

本书由重庆市綦江职业教育中心白炽贵和重庆电子工程职业学院江敏任主编，重庆市綦江职业教育中心幸晓光和陈志明任副主编。幸晓光编写了第 1 ~ 2 章，江敏编写第 3 ~ 4 章，白炽贵、陈志明编写第 5 ~ 7 章。本书关于 74 系列数字 IC 的资料均来自参考文献[1]及参考文献[2]，关于逻辑代数有关内容参考和引用了参考文献[3]，谨此向三文献的作者表示最崇高的敬意！

由于作者水平有限，书中难免错误与不足，敬祈读者指正！

编者

2014 年 2 月

目　录

第 1 章　数字电路基础 …… （1）
1.1　数字电路的特点 …… （1）
1.1.1　模拟信号和数字信号 …… （1）
1.1.2　正逻辑与负逻辑 …… （1）
1.1.3　数字信号的基本参数和波形 …… （2）
1.2　数字集成电路的种类和常用逻辑电平 …… （3）
1.2.1　数字 IC 的种类和特点 …… （3）
1.2.2　常用逻辑电平 …… （3）
1.3　逻辑代数简介 …… （4）
1.3.1　基本逻辑关系 …… （4）
1.3.2　基本逻辑运算 …… （4）
1.3.3　逻辑代数公理 …… （5）
1.3.4　逻辑代数定律 …… （5）
1.4　门电路简介 …… （6）
1.4.1　与门电路 …… （7）
1.4.2　或门电路 …… （8）
1.4.3　非门电路 …… （8）
1.4.4　与非门电路 …… （9）
1.4.5　或非门电路 …… （10）
1.4.6　异或门电路 …… （10）
1.5　数制与编码 …… （11）
1.5.1　十进制数、二进制数和十六进制数简介 …… （11）
1.5.2　数制间的转换 …… （12）
1.5.3　二-十进制编码（BCD 码） …… （15）
小结 1 …… （16）
习题 1 …… （17）
第 2 章　常用数字集成门电路实训 …… （18）
2.1　74HC08 与门电路实训 …… （18）
2.1.1　74HC08 的外引线排列图 …… （18）
2.1.2　74HC08 实训电路图和实训电路板 …… （19）
2.1.3　74HC08 与功能验证步骤 …… （21）
2.2　74HC32 或门电路实训 …… （22）
2.2.1　74HC32 的外引线排列图 …… （22）

2.2.2 74HC32 实训电路图和实训电路板……（22）
2.2.3 74HC32 或功能验证步骤……（23）
2.3 74HC04 非门电路实训……（24）
2.3.1 74HC04 的外引线排列图……（24）
2.3.2 74HC04 实训电路图和实训电路板……（25）
2.3.3 74HC04 非功能验证步骤……（26）
2.4 74HC14 斯密特非门电路实训……（26）
2.4.1 74HC14 的外引线排列图……（26）
2.4.2 74HC14 实训电路图和实训电路板……（27）
2.4.3 74HC14 斯密特功能的验证步骤……（28）
2.5 74HC00 与非门电路实训……（28）
2.5.1 74HC00 的外引线排列图……（28）
2.5.2 74HC00 实训电路图和实训电路板……（29）
2.5.3 74HC00 与非功能的验证步骤……（30）
2.6 74HC86 异或门电路实训……（31）
2.6.1 74HC86 的外引线排列图……（31）
2.6.2 74HC86 实训电路图和实训电路板……（31）
2.6.3 74HC86 异或功能的验证步骤……（32）
2.7 74HC04 方波振荡器实训……（33）
2.7.1 时钟信号和方波振荡器……（33）
2.7.2 74HC04 方波振荡实训电路图和实训电路板……（34）
2.7.3 74HC04 方波振荡电路的验证步骤……（35）
2.8 74HC14 方波振荡器实训……（35）
2.8.1 74HC14 方波振荡电路图和实训电路板……（35）
2.8.2 74HC14 方波振荡器电路的验证步骤……（37）
小结 2……（37）
习题 2……（37）
第 3 章 常用组合逻辑电路实训……（38）
3.1 74HC148 优先编码器实训……（38）
3.1.1 普通编码器与优先编码器……（38）
3.1.2 74HC148 的引脚排列图和功能表……（38）
3.1.3 74HC148 实训电路图和实训电路板……（39）
3.1.4 74HC148 编码功能的验证步骤……（41）
3.2 74HC138 译码分离器实训……（41）
3.2.1 74HC138 的引脚排列图和功能表……（41）

3.2.2 74HC138 实训电路图和实训电路板……（42）
3.2.3 74HC138 译码功能的验证步骤……（44）
3.3 74HC157 数据选择器实训……（44）
3.3.1 74HC157 的引脚排列图和功能表……（44）
3.3.2 74HC157 实训电路图和实训电路板……（45）
3.3.3 74HC157 数据选择功能的验证步骤……（46）
3.4 74HC85 数值比较器实训……（47）
3.4.1 74HC85 的引脚排列图和功能表……（47）
3.4.2 74HC85 实训电路图和实训电路板……（48）
3.4.3 74HC85 数据比较功能的验证步骤……（50）
3.5 74LS283 全加器实训……（50）
3.5.1 74LS283 的引脚排列图和加法示意图……（50）
3.5.2 74LS283 实训电路图和实训电路板……（51）
3.5.3 74LS283 全加功能的验证步骤……（52）
3.6 74LS248 显示译码器实训……（53）
3.6.1 七段数码管简介……（53）
3.6.2 74LS248 的引脚排列图和功能表……（53）
3.6.3 74LS248 实训电路图和实训电路板……（54）
3.6.4 74LS248 功能验证步骤……（56）
3.7 CD4511 显示译码器实训……（57）
3.7.1 CD4511 的引脚排列图和功能表……（57）
3.7.2 CD4511 实训电路图和实训电路板……（58）
3.7.3 CD4511 功能验证步骤……（59）
小结 3……（60）
习题 3……（60）
第 4 章 常用时序逻辑电路实训……（62）
4.1 74HC279 RS 触发器实训……（62）
4.1.1 74HC279 的引脚排列图和功能表……（62）
4.1.2 74HC279 的实训电路图和实训电路板……（62）
4.1.3 74HC279 RS 触发器功能验证步骤……（64）
4.2 74HC74 D 触发器实训……（64）
4.2.1 74HC74 的引脚排列图和功能表……（64）
4.2.2 74HC74 实训电路图和实训电路板……（65）
4.2.3 74HC74 D 触发器功能验证步骤……（66）
4.3 74HC109 JK 触发器实训……（67）

4.3.1 74HC109 的引脚排列图和功能表 …… (67)
4.3.2 74HC109 实训电路图和实训电路板 …… (67)
4.3.3 74HC109 JK 触发器功能验证步骤 …… (69)
4.4 74HC123 单稳态触发器实训 …… (70)
4.4.1 74HC123 的引脚排列图和功能表 …… (70)
4.4.2 74HC123 实训电路图和实训电路板 …… (70)
4.4.3 74HC123 单稳态触发器功能验证步骤 …… (72)
4.4.4 74HC123 与 74HC221 两单稳态电路间的差异验证 …… (73)
4.5 74HC573 D 锁存器实训 …… (73)
4.5.1 74HC573 的引脚排列图和功能表 …… (73)
4.5.2 74HC573 抢答锁存实训电路图和实训电路板 …… (73)
4.5.3 74HC573 抢答锁存实训电路功能验证步骤 …… (76)
4.5.4 数码显示的 8 路抢答器实训电路图和实训电路板 …… (76)
4.5.5 数码显示的 8 路抢答器实训电路验证步骤 …… (78)
4.6 CD4017 十进制计数分频器实训 …… (78)
4.6.1 CD4017 的引脚排列图和功能表及引脚说明 …… (78)
4.6.2 CD4017 实训电路图和实训电路板 …… (79)
4.6.3 CD4017 十进制计数分频功能验证步骤 …… (81)
4.6.4 CD4017 十进制计数分频时序图 …… (81)
4.7 CD4015 移位寄存器实训 …… (82)
4.7.1 CD4015 的引脚排列图和功能表 …… (82)
4.7.2 CD4015 实训电路图和实训电路板 …… (83)
4.7.3 CD4015 移位功能验证步骤 …… (85)
4.8 74HC194 双向移位寄存器实训 …… (85)
4.8.1 74HC194 的引脚排列图和功能表 …… (85)
4.8.2 74HC194 实训电路图和实训电路板 …… (86)
4.8.3 74HC194 双向移位功能验证步骤 …… (88)
4.9 74HC595 移位寄存器实训 …… (89)
4.9.1 74HC595 的引脚排列图和功能表 …… (89)
4.9.2 74HC595 实训电路图和实训电路板 …… (90)
4.9.3 74HC595 移位功能验证步骤 …… (92)
4.10 74HC393 二进制计数器实训 …… (93)
4.10.1 74HC393 的引脚排列图和功能表 …… (93)
4.10.2 74HC393 实训电路图和实训电路板 …… (93)
4.10.3 74HC393 二进制计数功能验证步骤 …… (95)

4.10.4 74HC393 二进制计数时序图 …… (95)
4.11 74HC192 BCD 加减计数器实训 …… (96)
4.11.1 74HC192 的引脚排列图和功能表及引脚说明 …… (96)
4.11.2 74HC192 实训电路图和实训电路板 …… (97)
4.11.3 74HC192 加减计数功能验证步骤 …… (100)
4.12 8×8 LED 点阵的逐点显示实训 …… (100)
4.12.1 LED 点阵组件简介 …… (101)
4.12.2 8×8 LED 点阵逐点显示实训电路图和实训电路板 …… (101)
4.12.3 8×8 LED 点阵逐点显示实训的功能验证步骤 …… (106)
小结 4 …… (106)
习题 4 …… (107)
第 5 章 模/数转换、数/模转换实训 …… (108)
5.1 ADC0809 模/数转换实训 …… (108)
5.1.1 ADC0809 的引脚排列图和内部结构图 …… (108)
5.1.2 ADC0809 实训电路图和实训电路板 …… (109)
5.1.3 ADC0809 模/数转换功能验证步骤 …… (111)
5.2 DAC0832 数/模转换实训 …… (111)
5.2.1 数/模转换器 DAC0832 的引脚排列图和内部结构图 …… (111)
5.2.2 DAC0832 实训电路图和实训电路板 …… (112)
5.2.3 DAC0832 数/模转换功能验证步骤 …… (114)
小结 5 …… (114)
习题 5 …… (114)
第 6 章 半导体存储器读写实训 …… (115)
6.1 半导体存储器简介 …… (115)
6.2 W27C512 电擦除 EPROM 编程和擦除实训 …… (117)
6.2.1 W27C512 的外引脚排列图和使用简介 …… (117)
6.2.2 W27C512 的手工编程器电路图设计和实训电路板 …… (118)
6.2.3 W27C512 的手工编程步骤 …… (121)
6.2.4 W27C512 的整片擦除 …… (122)
6.3 27 系列 EPROM 的手工编程实训 …… (123)
6.3.1 27512 EPROM 的手工编程实训 …… (124)
6.3.2 27256 EPROM 的手工编程实训 …… (126)
6.3.3 27128 EPROM 的手工编程实训 …… (126)
6.4 2817A 和 2864 的手工编程实训 …… (127)
6.4.1 2817A 的手工编程实训 …… (127)

6.4.2 2864 的手工编程实训 …… (129)
6.5 HM6264 的读写实训 …… (131)
6.6 16×16 点阵汉字显示实训 …… (132)
6.6.1 16×16 点阵汉字显示原理 …… (132)
6.6.2 用 8×8 LED 点阵组成 16×16 LED 点阵 …… (134)
6.6.3 用 HM6264 实现的 16×16 点阵汉字显示电路原理图及电路分析 …… (137)
6.6.4 16×16 点阵 LED 汉字显示屏电路板安装要点 …… (141)
6.6.5 16×16 点阵汉字的写入与显示步骤 …… (148)
小结 6 …… (150)
习题 6 …… (151)
第 7 章 16 路实用抢答器的设计与制作实训 …… (152)
7.1 16 路抢答器的功能设计 …… (152)
7.2 16 路抢答器的电路设计 …… (152)
7.2.1 16 路抢答锁存与判定显示电路设计 …… (153)
7.2.2 抢答计时控制及显示电路设计 …… (160)
7.2.3 抢答声响提示电路设计 …… (164)
7.3 16 路抢答器电路板的焊接和调试 …… (164)
7.3.1 16 路抢答判定及显示电路板的安装焊接 …… (164)
7.3.2 抢答计时控制及显示电路板的安装焊接 …… (165)
7.3.3 抢答器通电调试 …… (167)
7.4 把实训抢答器引向实用抢答器 …… (170)
小结 7 …… (171)
参考文献 …… (172)

第 1 章 数字电路基础

1.1 数字电路的特点

1.1.1 模拟信号和数字信号

电子电路中的电信号可以分为模拟信号和数字信号两大类。模拟信号的特点是信号电压（或信号电流）从大到小（或从小到大）的变化是随时间而连续逐渐变化，如图 1-1 所示。处理模拟信号的电子电路称为模拟电路。数字信号的特点是信号电压（或信号电流）从大到小（或从小到大）的变化是陡然跳变的，如图 1-2 所示。处理数字信号的电子电路称为数字电路。

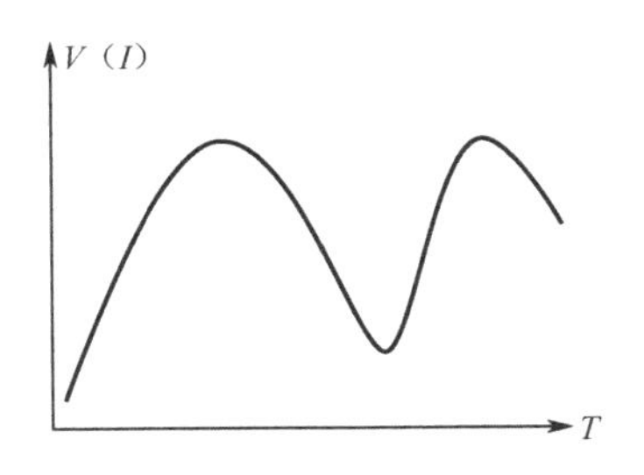

图 1-1 模拟信号示意图

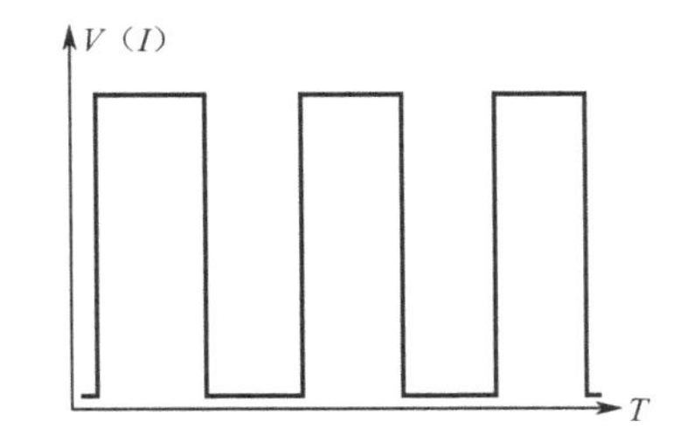

图 1-2 数字信号示意图

数字信号只有两个离散值，叫做二值逻辑。常用数字 1 和 0 来表示。它的 0 和 1 不表示数量的大小关系，而只表示对立的两种状态，称为逻辑 0 和逻辑 1。逻辑 0 和逻辑 1 用来表示对象的高与低、通与断、亮与熄、开与关等。逻辑 0 和逻辑 1 是用数字电路电源两极的电压值来表示的。最常用的是+5V 和 0V。即用 5V 来表示逻辑 1，用 0V 来表示逻辑 0。当然，也可用 5V 来表示逻辑 0，用 0V 来表示逻辑 1。表示逻辑 1 和逻辑 0 的电压值又称逻辑电平，5V 为高电平，0V 为低电平。

1.1.2 正逻辑与负逻辑

数字电路只有两种状态：高电平和低电平。如果用高电平表示逻辑 1，用低电平表示逻辑 0，这种表示体系为正逻辑体系；如果用高电平表示逻辑 0，用低电平表示逻辑 1，这种表示体系为负逻辑体系。一般技术资料中采用正逻辑体系。在本书关于数字电路的所有描述中，均采

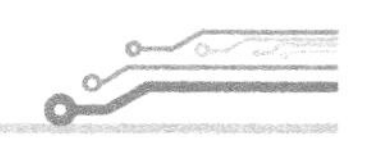

用正逻辑体系，即逻辑 1 电平为高电平，逻辑 0 电平为低电平，如图 1-3 所示。因此，为叙述方便，书中有时也把高电平简称为 1 电平，低电平简称为 0 电平，以突出该电路环境结构的逻辑值特性。

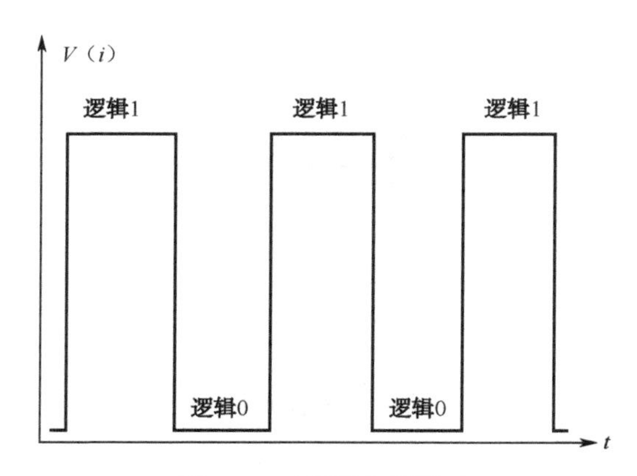

图 1-3　正逻辑电平图示

1.1.3　数字信号的基本参数和波形

数字信号的基本参数有如下几个。

V_m—信号幅度，信号电压波形变化的最大值，如图 1-4 所示。

T—信号的重复周期，如图 1-4 所示，信号的周期 T 与信号的频率 f 互为倒数。

T_W—信号的脉冲宽度，即脉冲顶部的持续时间，如图 1-4 所示。

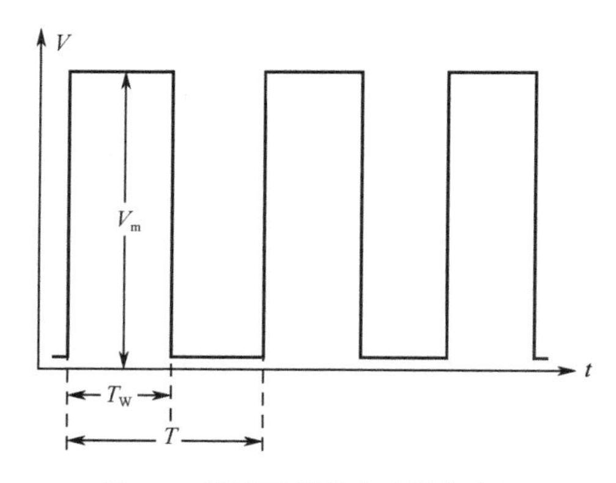

图 1-4　数字信号基本参数的意义

理想的数字信号波形是标准的矩形波，而实际的数字信号的波形只能近似为梯形波，如图 1-5 所示。这是因为数字信号从低电平变到高电平，或从高电平变到低电平都是要用一定的时间的。波形上对应于从低电平变到高电平的直线称为上升沿，波形上对应于从高电平变到低电平的直线称为下降沿。对应于上升沿的时间记为 T_r，对应于下降沿的时间记为 T_f。

从图 1-5 可知，数字信号的一个完整波形由四大部分组成：低电平部分、上升沿部分、高电平部分和下降沿部分。尽管周期性数字信号中都存在一定的上升时间和下降时间，但在实际分析时都可忽略，即视为矩形波。无论是把数字信号视为矩形波还是梯形波，数字信号的波形都由四部分组成。根据需要而引用波形的四部分，就能对数字电路系统起相应的控制作用。对这四部分，一定要理解和牢记，它是后面学习分析数字电路工作原理的基本要素。在本书后面有关数字电路的分析描述中，1 电平等同于高电平，0 电平等同于低电平，其大前提就在于本书关于数字逻辑电路的所有描述全部基于正逻辑体系。

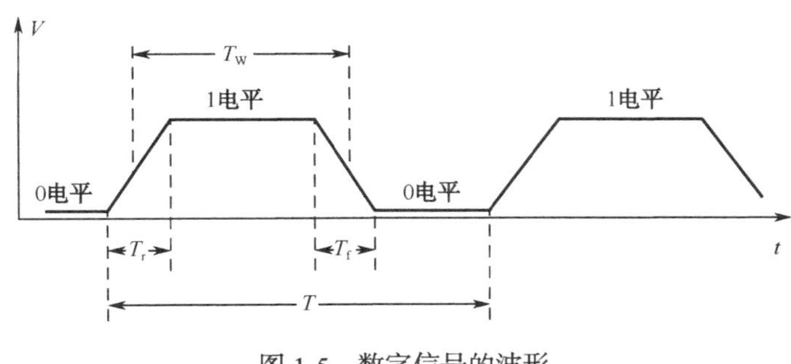

图 1-5　数字信号的波形

1.2　数字集成电路的种类和常用逻辑电平

作为标准数字集成电路（IC）的系列产品分为三大类，即 TTL 型、CMOS 型和 ECL 型。常用逻辑电平与之相对应，也有 TTL、CMOS 和 ECL 等，下面进行简单介绍。

1.2.1　数字 IC 的种类和特点

TTL 类型 IC 以双极型晶体管为开关元件，输入级采用多发射极晶体管形式（各输入端分别对应一条发射极），开关放大电路也都由晶体管构成，所以称为“晶体管—晶体管—逻辑”，即 Transistor—Transistor—Logic，缩写为 TTL，一般以“74”（民用）或“54”（军用）为型号前缀，如 74LS、74S、74ALS、74AS 和 74F 等系列。这类 IC 的特点是速度高，功耗较大。最常用的是 74LS 系列，其工作电压为 5V ± 5%，抗干扰能力差，电源要求高。

CMOS 类型 IC 用 MOS—FET（即金属氧化物半导体场效应管）作为开关元件，构成互补型电路，特点是很低的静态功耗和很高的输入阻抗。主要产品系列有 4000B（包括 4500B）、40H、74HC 系列。其中，4000B 系列速度最低，功耗最小。而 74HC 系列是具有 CMOS 低功耗性和 LS—TTL 高速性的产品，其工作电压为 2 ~ 6V，抗干扰能力强，电源特性好，是现在数字 IC 的首选品种，也是本书实训的主要 IC。在可能的情况下，本书实训优先使用 74HC 系列，其次才考虑使用 74LS 系列。

ECL 类型 IC 用双极型晶体管作为开关元件，称为“发射极耦合逻辑”，ECL 就是这一称谓的英文描述的缩写。它与 TTL 类型不同的是工作在非饱和状态，开关速度非常高，功耗也很大，电源电压和逻辑电平特殊，一般不大使用。

1.2.2　常用逻辑电平

数字系统中常用的逻辑电平有 TTL、CMOS、ECL、LVTTL、RS232 等。其中，TTL 和 CMOS 的逻辑电平按典型电压可分为四类：5V 系列、3.3V 系列、2.5V 系列和 1.8V 系列。

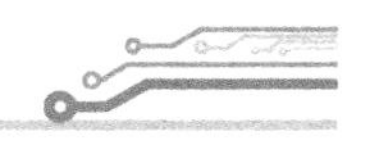

5V TTL 和 5V CMOS 是通用的逻辑电平，3.3V 及以下的逻辑电平称为低电压逻辑电平。在以计算机处理器为中心的数字电路中，5V TTL 电平用得最多。本书的所有实训电路中，都使用通用的 5V 逻辑电平。

下面，给出 74HC 系列 IC 的 5V CMOS 电平与 74LS 系列的 5V TTL 电平在输入输出电平上存在的差异。这里用 VOH 表示输出逻辑 1 电平的电压，VOL 表示输出逻辑 0 电平的电压，VIH 表示输入逻辑 1 电平的电压，VIL 表示输入逻辑 0 电平的电压。

74LS 系列逻辑电平临界值：

① VOHmin=2.4V，VOLmax=0.4V

② VIHmin=2.0V，VILmax=0.8V

74HC 系列逻辑电平临界值：

① VOHmin=4.99V，VOLmax=0.01V

② VIHmin=3.5V，VILmax=1.5V

由此可知，74HC 系列能驱动 74LS 系列，但 74LS 系列一般不能驱动 74HC 系列。为克服此不足，数字 IC 厂商又开发了 74HCT 系列 CMOS 高速数字 IC，其特点就是能被 TTL 电平驱动。

1.3 逻辑代数简介

逻辑代数是英国数学家布尔首先创立的，因此又称布尔代数。它是一种仅使用数值 1 和 0 的代数，但这里的 1 和 0 并不代表数量的大小，而是表示完全对立的两个矛盾的方面。逻辑代数是研究数字电路的工具，在此只做一些简单介绍。

1.3.1 基本逻辑关系

1. “与”逻辑

逻辑代数把决定某个事件的所有条件全都具备时，这个事件才会发生的因果关系定义为“与”逻辑。

2. “或”逻辑

逻辑代数把决定某个事件的所有条件中只要有任意一个条件具备，或任意多个条件具备，这件事就会发生的因果关系定义为“或”逻辑。

3. “非”逻辑

逻辑代数把事件的发生与否和决定这个事件的条件是否具备的状态刚好相反的因果关系定义为“非”逻辑。

1.3.2 基本逻辑运算

用 Y 代表因果关系中的事件，用 A 和 B 代表因果关系中的条件。则 Y、A、B 都只能取 0

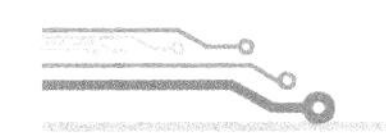

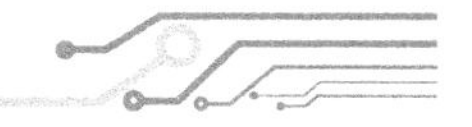

和 1 两个逻辑值。这里的 Y、A、B 称为逻辑变量。

1. “与”运算（逻辑乘）

把遵循“与”逻辑的表达式“$Y=A\cdot B$”中的运算叫做“与”运算。运算符“·”称为“与”运算符。由“与”逻辑可得“与”运算的规则，就是

$$0\cdot 0=0，0\cdot 1=0，1\cdot 0=0，1\cdot 1=1$$

为书写方便，当“与”运算的两个运算量都为变量形式时，两者之间的“与”运算符“·”可以省略。如“$A\cdot B$”可表示为“AB”。

2. “或”运算（逻辑加）

把遵循“或”逻辑的表达式“$Y=A+B$”中的运算叫做“或”运算。运算符“+”称为“或”运算符。由“或”逻辑可得“或”运算的规则，就是

$$0+0=0，0+1=1，1+0=1，1+1=1$$

3. “非”运算（逻辑非）

把遵循“非”逻辑的表达式“$Y=\overline{A}$”中的运算叫做“非”运算。运算符“¯”称为“非”运算符。由“非”逻辑可得“非”运算的规则，就是

$$\overline{0}=1，\overline{1}=0$$

1.3.3　逻辑代数公理

（1）与运算公理：

$$0\cdot 0=0，0\cdot 1=0，1\cdot 0=0，1\cdot 1=1$$

（2）或运算公理：

$$0+0=0，0+1=1，1+0=1，1+1=1$$

（3）非运算公理：

$$\overline{0}=1，\overline{1}=0$$

1.3.4　逻辑代数定律

（1）0-1 律：

$$A+1=A，A\cdot 0=0$$

（2）自等律：

$$A+0=A，A\cdot 1=A$$

（3）互补律：

$$A+\overline{A}=A，A\cdot \overline{A}=0$$

（4）交换律：

$$A+B=B+A，A\cdot B=B\cdot A$$

（5）结合律：

$$(A+B)+C=A+(B+C),\ (A\cdot B)\cdot C=A\cdot(B\cdot C)$$

（6）分配律：

$$A\cdot(B+C)=A\cdot B+A\cdot C,\ A+B\cdot C=(A+B)\cdot(A+C)$$

（7）重叠律：

$$A+A=A,\ A\cdot A=A$$

（8）还原律：

$$\overline{\overline{A}}=A$$

（9）反演律（摩根定理）：

$$\overline{AB}=\overline{A}+\overline{B},\ \overline{A+B}=\overline{A}\cdot\overline{B}$$

以上定律的正确性，可用逻辑代数公理，以列表格的方式给出证明。这里以摩根定理为例，给出列表证明的方法（表 1-1）。

表 1-1　摩根定理真值表

逻辑变量取值		公式 1：$\overline{AB}=\overline{A}+\overline{B}$		公式 2：$\overline{A+B}=\overline{A}\ \overline{B}$	
		等式左边	等式右边	等式左边	等式右边
A	B	$\overline{AB}$	$\overline{A}+\overline{B}$	$\overline{A+B}$	$\overline{A}\ \overline{B}$
0	0	1	1	1	1
0	1	1	1	0	0
1	0	1	1	0	0
1	1	0	0	0	0

由表 1-1 可知，对于任意一组变量取值，公式 1 左右两边都相等，因此公式 1 成立。同理，公式 2 成立。这种表格称为真值表。真值表中，要全部列举出变量取值的所有组合。

顺便说明，反演律可以推广为多变量的形式，以公式 1 为例，可以推出

$$\overline{ABCDEFGH}=\overline{A}+\overline{B}+\overline{C}+\overline{D}+\overline{E}+\overline{F}+\overline{G}+\overline{H}$$

这个公式将为第 7 章抢答器设计中数字 IC 的变通使用提供理论依据。用真值表的方法可证明这个公式的正确性，但其真值表过大（8 个变量的取值组合有 256 种），比较麻烦。而其他证明方法（见参考文献 1）又超出了本书范围，我们直接应用即可。

关于逻辑代数的更多学习内容，请读者在后继的学习中完成。

1.4　门电路简介

门电路是数字电路的重要组成单元。它可分为基本门电路和复合门电路。基本门电路只有三种：与门电路、或门电路、非门电路。复合门电路由基本门电路组合而成。复合门电路主要有与非门电路、或非门电路、异或门电路。

学习时可把门电路看成一个规定了输入端和输出端及其逻辑运算的“黑盒子”，它内部的电路组成可以不必关心，重点掌握其逻辑运算对输入端的处理而得到的输出结果。

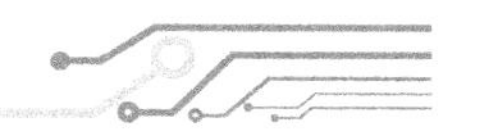

以下关于门电路的所有描述中，均采用正逻辑体系，即逻辑 1 电平为高电平，逻辑 0 电平为低电平，因此，也把高电平简称为 1 电平，低电平简称为 0 电平，以突出该电路结构的逻辑值特性。

1.4.1　与门电路

1. 与门电路的逻辑符号

图 1-6 和图 1-7 都是与门电路的逻辑符号，我国以 IEEE Ⅰ为国家标准，技术资料上 IEEE Ⅱ更流行。为方便阅读数字电路技术资料，本书采用 IEEE Ⅱ逻辑符号。

图 1-6　与门逻辑符号（国标）　　图 1-7　与门逻辑符号（流行）

在图 1-6 和图 1-7 关于门电路名称后面的括号中，“国标”表示国家标准符号，括号中的“流行”表示技术资料上更为常用的 IEEE Ⅱ符号。下同。

在与门电路的逻辑符号中，A、B 代表电路的输入端，Y 代表电路的输出端。一般地，与门电路可以有两个以上的输入端，但输出端只有一个。

2. 与门电路的功能

与门电路的功能规定为：只有所有输入端都为高电平时，输出端才输出高电平；只要有一个输入端为低电平，输出端就输出低电平。

3. 与门电路的真值表

与门电路的功能可用它的真值表来表示。即用真值表来列举门电路所有输入值的组合和对应输出的值，用字母来表示输入输出变量，用 1 和 0 对输入输出变量赋值。与门电路的真值表见表 1-2。

表 1-2　与门电路真值表

A	B	Y	A	B	Y
0	0	0	1	0	0
0	1	0	1	1	1

4. 与门电路的逻辑表达式

与门电路的功能还可用它的输出与输入的关系式来表示，这种关系式称为逻辑表达式。与门电路的逻辑表达式是

$$Y=A\cdot B$$

读做“Y 等于 A 与 B”、“Y 等于 A 乘 B”。

1.4.2 或门电路

1. 或门电路的逻辑符号

或门电路的两种逻辑符号分别如图 1-8 和图 1-9 所示。

图 1-8 或门逻辑符号（国标） 图 1-9 或门逻辑符号（流行）

2. 或门电路的功能

或门电路的功能规定为：只要任一输入端为高电平，输出端就输出高电平；只有所有输入端都为低电平时，输出端才输出低电平。

3. 或门电路的真值表

或门电路的功能也可用它的真值表来表示。或门电路的真值表见表 1-3。

表 1-3 或门电路真值表

A	B	Y	A	B	Y
0	0	0	1	0	1
0	1	1	1	1	1

4. 或门电路的逻辑表达式

或门电路的功能同样可用它的输出与输入的关系式来表示。或门电路的逻辑表达式是

$$Y=A+B$$

读做“Y 等于 A 加 B”。

1.4.3 非门电路

1. 非门电路的逻辑符号

非门电路的两种逻辑符号分别如图 1-10 和图 1-11 所示。

图 1-10 非门逻辑符号（国标） 图 1-11 非门逻辑符号（流行）

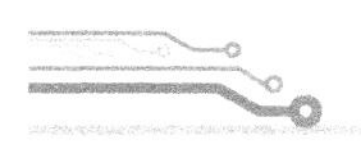

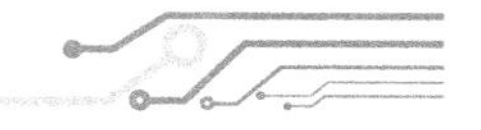

2. 非门电路的功能

非门电路的功能规定为：输出电平与输入电平的高低状态总是相反的。

3. 非门电路的真值表

非门电路的真值表见表 1-4。

表 1-4　非门电路真值表

A	Y	A	Y
0	1	1	0

4. 非门的逻辑表达式

非门的逻辑表达式为

$$Y=\overline{A}$$

1.4.4　与非门电路

1. 与非门电路的逻辑符号

与非门电路的两种逻辑符号分别如图 1-12 和图 1-13 所示。

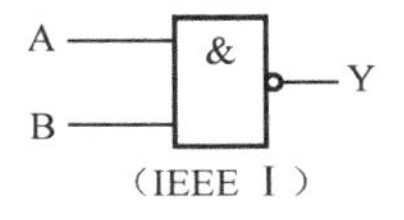

图 1-12　与非门逻辑符号（国标）

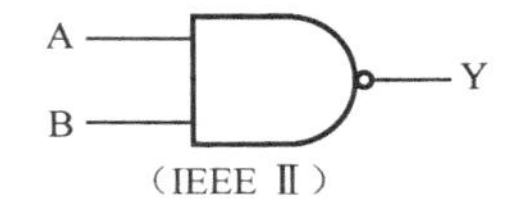

图 1-13　与非门逻辑符号（流行）

2. 与非门电路的功能

与非门电路的功能规定为：只有所有输入端都为高电平时，输出端才输出低电平；只要有一个输入端为低电平，输出端就输出高电平。

3. 与非门电路的真值表

与非门电路的真值表见表 1-5。

表 1-5　与非门电路真值表

A	B	Y	A	B	Y
0	0	1	1	0	1
0	1	1	1	1	0

4. 与非门电路的逻辑表达式

与非门电路的逻辑表达式为

$$Y=\overline{AB}$$

1.4.5 或非门电路

1. 或非门电路的逻辑符号

或非门电路的逻辑符号分别如图 1-14 和图 1-15 所示。

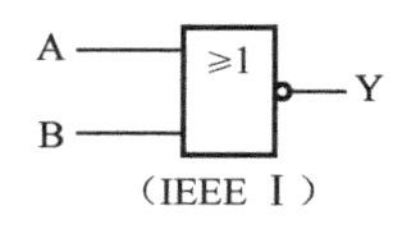

图 1-14 或非门逻辑符号（国标）

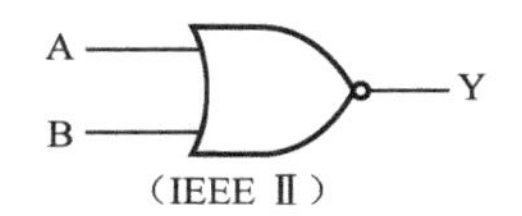

图 1-15 或非门逻辑符号（流行）

2. 或非门电路的功能

或非门电路的功能规定为：只有所有输入端全为“0”（低）电平时，输出端才为“1”（高）电平：只要任一输入端为“1”（高）电平，输出端就为“0”（低）电平。

3. 或非门电路的真值表

或非门电路的真值表见表 1-6。

表 1-6 或非门电路真值表

A	B	Y	A	B	Y
0	0	1	1	0	0
0	1	0	1	1	0

4. 或非门电路的逻辑表达式

或非门电路的逻辑表达式为

$$Y=\overline{A+B}$$

1.4.6 异或门电路

1. 异或门电路的逻辑符号

异或门电路的两种逻辑符号分别如图 1-16 和图 1-17 所示。

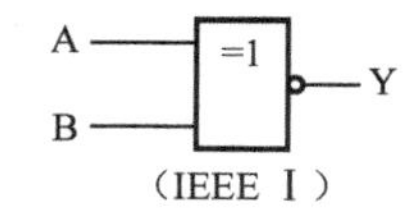

图 1-16 异或门逻辑符号 （国标）

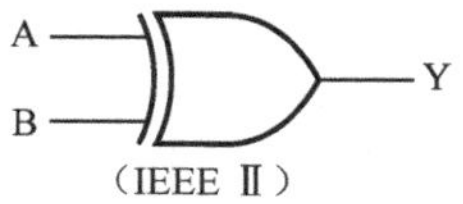

A
B
Y
(IEEE Ⅱ)

图 1-17 异或门辑符号（流行）

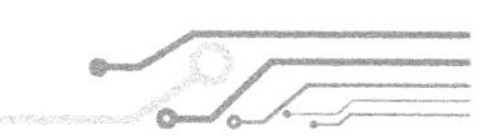

2. 异或门电路的功能

异或门电路的功能规定为：两输入端取的逻辑值相反时，输出端为“1”；两输入端取的逻辑值相同时，输出端为“0”。

3. 异或门电路的真值表

异或门电路的真值表见表 1-7。

表 1-7　异或门电路真值表

A	B	Y	A	B	Y
0	0	0	1	0	1
0	1	1	1	1	0

4. 异或门电路的逻辑表达式

异或门电路的逻辑表达式为

$$Y=A\cdot\overline{B}+\overline{A}\cdot B=A\oplus B$$

1.5　数制与编码

1.5.1　十进制数、二进制数和十六进制数简介

数制就是数的进位计数体制。在日常生活工作中，人们最习惯、最常用的数制是十进制数。在数字电路中，系统唯一能够认识和处理的是二进制数。在数字电路的技术资料中，又专门引进十六进制数来处理二进制数。下面，我们就借助并参照十进制数，来学习二进制数和十六进制数。

1. 十进制数

十进制数的特点：

（1）有十个数码 0、1、2、3、4、5、6、7、8、9；

（2）计数规则是“逢十进一”。

十进制数的组成：一个十进制数由若干位数码组成，每位上的数码所表示的意义是不相同的，也就是它们的权不同。例如十进制数 123.45 所表示的意义为

$$(123.45)_{10}=1\times10^{2}+2\times10^{1}+3\times10^{0}+4\times10^{-1}+5\times10^{-2}$$

上式称为十进制数 123.45 的按权展开式。可以看出，在十进制数 123.45 中 1 的权为 10^{2}，2 的权为 10^{1}，3 的权为 10^{0}，4 的权为 10^{-1}，5 的权为 10^{-2}。

2. 二进制数

二进制数的特点：

（1）有两个数码 0、1。

（2）计数规则是“逢二进一”。

二进制数的组成：一个二进制数由若干位数码组成，每位上的数码所表示的意义是不相同的，也就是它们的权不同。例如二进制数 10101.01 所表示的意义为

$$(10101.01)_2=1\times2^4+0\times2^3+1\times2^2+0\times2^1+1\times2^0+0\times2^{-1}+1\times2^{-2}$$

上式称为二进制数 10101.01 的按权展开式。可以看出，二进制数 10101.01 从左至右各位上的权依次为 2^4、2^3、2^2、2^1、2^0、2^{-1}、2^{-2}。

一般地，可用加后缀 B 来声明一个数为二进制数。如，10101B=$(10101)_2$。

3. 十六进制数

十六进制数的特点是：

（1）有十六个数码 0、1、2、3、4、5、6、7、8、9、A、B、C、D、E、F。A、B、C、D、E、F 分别代表 10（十）、11（十一）、12（十二）、13（十三）、14（十四）、15（十五）。

（2）计数规则为“逢十六进一”。

十六进制数的组成：一个十六进制数由若干位数码组成，每位上的数码所表示的意义是不相同的，也就是它们的权不同。例如十六进制数 8A9B.7F 所表示的意义为

$$(8A9B.7F)_{16}=8\times16^3+10\times16^2+9\times16^1+11\times16^0+7\times16^{-1}+15\times16^{-2}$$

上式为十六进制数 8A9B.7F 的按权展开式。可以看出，十六进制数 8A9B.7F 从左至右各位上的权依次为 16^3、16^2、16^1、16^0、16^{-1}、16^{-2}。

一般地，可用加后缀 H 来声明一个数为十六进制数。如，8A9BH=$(8A9B)_{16}$。

1.5.2 数制间的转换

1. 十进制数转换为二进制数

十进制数转换为二进制数时，整数部分和小数部分应分开进行转换，然后再将所得整数部分和所得小数部分进行合并。下面先讨论整数部分的转换方法，然后再讨论小数部分的转换。

1）十进制整数转换为二进制数

整数部分的转换采用除 2 取余法：将该十进制数逐次除以 2，每次取余数（0 或 1），除到商为 0 时止。首次余数为最低位，商为 0 时对应的余数为最高位。

说明：除法的格式如图 1-18 所示。

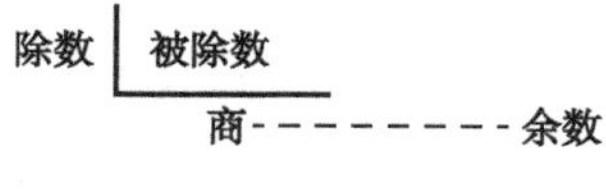

图 1-18　带余除法格式

例 1　将 $(67)_{10}$ 转换为二进制数。

解： 按照转换法则进行，转换过程如图 1-19 所示。

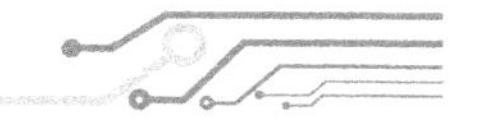

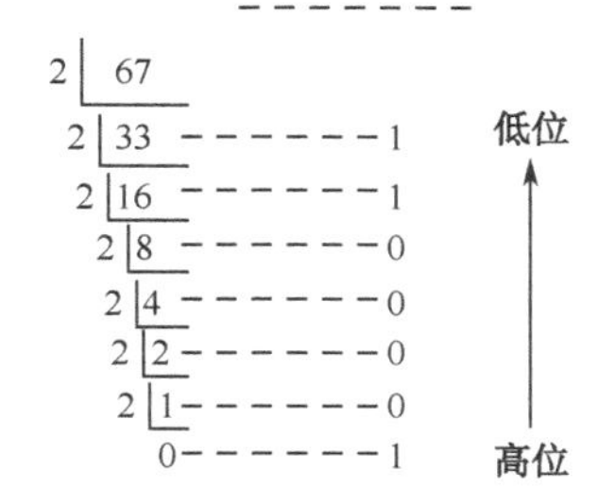

图 1-19　十进制数转换二进制数示意图

所以，$(67)_{10}=(1000011)_2$。

2）十进制小数转换为二进制数

小数部分的转换采用乘 2 取整法：将该小数逐次乘 2，每次取整数（0 或 1）。直到小数为 0 或达到所需位数。首次取的整数为小数的最高位，末次取的整数为小数的最低位。

例 2　将 $(0.45)_{10}$ 转换为二进制小数。

解：

按照上面所说的转换方法，转换过程如图 1-20 所示。

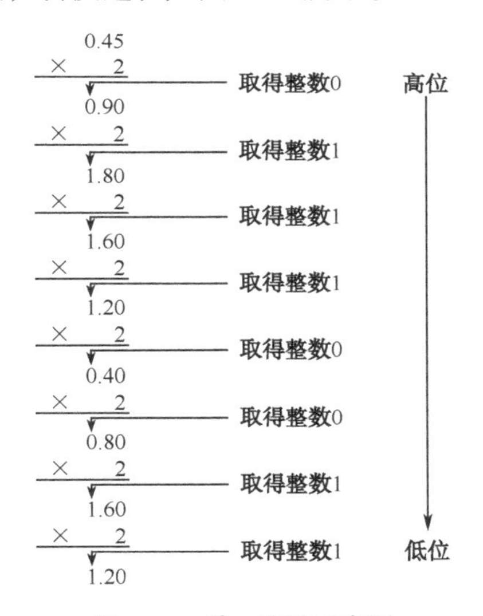

图 1-20　乘 2 取整示意图

所以，$(0.45)_{10}=(0.01110011)_2$。另从转换程序可知，这里的小数部分已经不可能运算成 0，因此，十进制小数转换成二进制小数时，不一定能完全转换，只能达到一定的精度。

例 3　把 $(67.45)_{10}$ 转换成二进制数。

解：先进行整数部分的转换，得 $(67)_{10}=(1000011)_2$，参见例 1。

再进行小数部分的转换，得 $(0.45)_{10}=(0.01110011)_2$，参见例 2。

最后将两部分合并，得 $(67.45)_{10}=(1000011.01110011)_2$。

2. 十进制数转换为十六进制数

十进制数转换为十六进制数的原理和方法及步骤完全类似于十进制数转换为二进制数的

情形，具体操作时只需要将数 2 换成数 16，并比照十进制数转换为二进制数的全部操作环节来进行。可以推知，除法取余时余数有 16 种可能，乘法取整时整数也有 16 种可能。

1）十进制整数转换为十六进制数

十进制整数转换为十六进制数的方法描述，读者可比照转换为二进制数的方法自己完成。下面，用一例题进行演练。

例 4 将（60000）$_{10}$转换为十六进制数。

解：方法可简述为：除以 16 取余，商 0 为止，倒排余数。具体过程如图 1-21 所示。

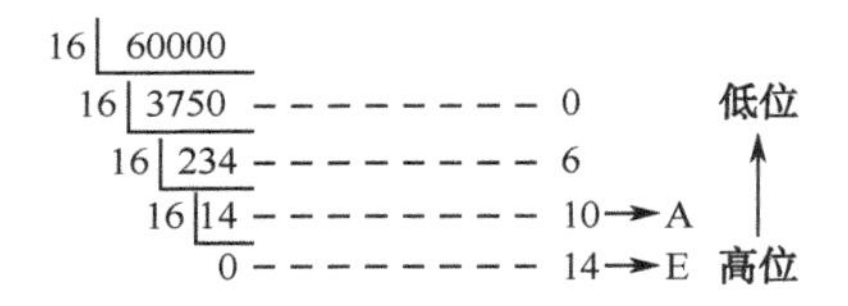

图 1-21 十进制数转换十六进制数示意图

所以，（60000）$_{10}$=（EA60）$_{16}$。

2）十进制小数转换为十六进制数

十进制小数转换为十六进制数的方法和过程，完全类似于十进制小数转换为二进制数的所有环节，这里从略。

3. 二进制数转换为十进制数

二进制数转换为十进制数的方法是：按权展开，逐位求和。即根据二进制数的意义写出它的按权展开式，计算出每位数码所代表的十进制数，并把每位数码所代表的十进制数全部相加，所得之和就是转换完毕后的十进制数。请看下面的示例。

例 5 把二进制数 10101.01 转换为十进制数。

解：$(10101.01)_2=1\times2^4+0\times2^3+1\times2^2+0\times2^1+1\times2^0+0\times2^{-1}+1\times2^{-2}$

$=1\times16+0\times8+1\times4+0\times2+1\times1+0\times0.5+1\times0.25$

$=(21.25)_{10}$

4. 十六进制数转换为十进制数

比照二进制数转换为十进制数的方法思路，可得十六进制数转换为十进制数的方法，这就是：按权展开，逐位求和。也就是根据十六进制数的意义写出它的按权展开式，计算出每位数码所代表的十进制数，并把每位数码所代表的十进制数全部相加，所得之和就是转换完毕后的十进制数。请看下面的示例。

例 6 把十六进制数 8A9B.7F 转换为十进制数。

解：$(8A9B.7F)_{16}=8\times16^3+10\times16^2+9\times16^1+11\times16^0+7\times16^{-1}+15\times16^{-2}$

$=8\times4096+10\times256+9\times16+11\times1+7\times0.0625+15\times0.00390625$

$=(35483.49609375)_{10}$

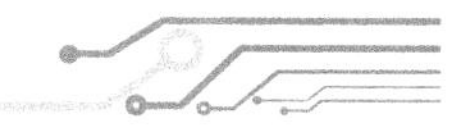

5. 二进制数与十六进制数间的转换

为了更好地理解二进制数与十六进制数间的转换方法，下面用表 1-8 给出对应十进制数 0 ~ 15 的二、十六进制数。

表 1-8 0～15 的十、二、十六进制数间的转换表

十进制数	二进制数	十六进制数	十进制数	二进制数	十六进制数
0	0000	0	8	1000	8
1	0001	1	9	1001	9
2	0010	2	10	1010	A
3	0011	3	11	1011	B
4	0100	4	12	1100	C
5	0101	5	13	1101	D
6	0110	6	14	1110	E
7	0111	7	15	1111	F

从表 1-8 可知，要想用二进制数来表示一位十六进制数，需要使用四位二进制数，要想用二进制数来表示一位十进制数，也还是需要使用四位二进制数。在这个表内的十进制数、二进制数、十六进制数之间的相互转换，以后经常要用，应当牢记。

由于 $2^4=16$，因此二进制数与十六进制数间的相互转换就非常简单。这里，各用一例给出说明。

1）把二进制整数转换为十六进制数

把二进制整数转换为十六进制数的方法：从最低位起，把二进制数四位四位地分组，高位部分不足四位的则添 0 补成四位，按其组序把每组对应的十六进制数排列即可。

例 7 把二进制数 100110101100101 转换为十六进制数。

解：$(100110101100101)_2=\underline{0100}\ \underline{1101}\ \underline{0110}\ \underline{0101}=(4D65)_{16}$

2）把十六进制整数转换为二进制数

把十六进制整数转换为二进制数的方法：把十六进制数的每一位数用对应的 4 位二进制数来表示，再去掉最左面多余的 0 即得。

例 8 把十六进制数 7AF0 转换为二进制数。

解：$(7AF0)_{16}=\underline{0111}\ \underline{1010}\ \underline{1111}\ \underline{0000}=(111101011110000)_2$

1.5.3 二–十进制编码（BCD 码）

数字电路系统中使用的是二进制数，但人们习惯的却是十进制数，于是在系统与人的输入输出环节上还是需要处理十进制数，这就要用二进制代码去表示十进制数。由于十进制数有 10 个数码，三位的二进制码只有 8 种组合，即只能表示 8 个编码，尚差 2 个，因此要用四位二进制码，当然，16 种组合就有余了。用四位二进制码的不同组合，去表示十进制数十个数码的编码，叫做二–十进制编码，简称 BCD 码。BCD 编码方法很多种，常用的有 8421BCD 码、

5421BCD 码、2421BCD 码等。这三种 BCD 码都是有权码，它们名称的数字排列，就是它们从高位到低位所对应的权值。三种 BCD 码对应于十进制数 0 ~ 9 的具体编码见表 1-9。

表 1-9　8421BCD、5421BCD、2421BCD 编码表

十进制数	8421BCD	5421BCD	2421BCD
0	0000	0000	0000
1	0001	0001	0001
2	0010	0010	0010
3	0011	0011	0011
4	0100	0100	0100
5	0101	1000	1011
6	0110	1001	1100
7	0111	1010	1101
8	1000	1011	1110
9	1001	1100	1111
从高到低各位上的权	8、4、2、1	5、4、2、1	2、4、2、1

显然，BCD 码是用 4 位二进制代码表示十进制数的一位，因此，对于多位的十进制数，须把它的每一位用 BCD 码表示，然后按其顺序组合。请看下面的举例。

例 9　把十进制数 13 转换成它的 8421BCD 码。

解：该十进制数十位上的数码 1 的 8421BCD 码为 0001，个位上的数码 3 的 8421BCD 码为 0011，所以

$$(13)_{10}=(0001\ 0011)_{8421BCD}$$

例 10　把 8421BCD 码（1001 0000）转换为十进制数。

解：

$$(1001\ 0000)_{8421BCD}=(90)_{10}$$

小　结　1

（1）数字信号只有两个值，即 0 和 1；模拟信号有无数多个值。

（2）逻辑代数中的常量变量都只有两个值，即 0 和 1。

（3）三种基本逻辑关系和三种基本逻辑运公理。

（4）与门电路的逻辑符号、功能、真值表和逻辑表达式。

（5）或门电路的逻辑符号、功能、真值表和逻辑表达式。

（6）非门电路的逻辑符号、功能、真值表和逻辑表达式。

（7）与非门电路的逻辑符号、功能、真值表和逻辑表达式。

（8）异或门电路的逻辑符号、功能、真值表和逻辑表达式。

（9）十进制数与二进制数间的互换。

（10）十进制数与十六进制数间的互换。

（11）在逻辑运算中，1+1=1；在二进制数运算中，1+1=10。

（12）可在一个数的末尾加后缀 B 来表明这个数是二进制数。

（13）可在一个数的末尾加后缀 H 来表明这个数是十六进制数。

习　题　1

1. 电压或电流的大小随时间连续缓慢变化的信号叫做________信号，电压或电流的大小全过程陡然变大、陡然变小的信号叫做________信号。

2. 模拟信号的信号值可以有________个，数字信号的信号值只有________个。

3. 用高电平表示逻辑 1，用低电平表示逻辑 0 的是________逻辑体系；用高电平表示逻辑 0，用低电平表示逻辑 1 的是________逻辑体系。

4. 数字信号的一个完整波形由四部分组成，即________部分、________部分、________部分和________部分。

5. 在“与运算公理”中，0・0=________，0・1=________，1・0=________，1・1=________；在“或运算公理”中，0+0=________，0+1=________，1+0=________，1+1=________；在“非运算公理”中，$\overline{0}$=________，$\overline{1}$=________。

6. 在逻辑代数中，变量 A 和 B 只能取值________或值________。

7. 设 A 和 B 是逻辑代数中的变量，“・”、“+”和“¯”分别是与运算符、或运算符和非运算符，则有：A+1=________，A・0=________，A+0=________，A・1=________，A+A=________，A・A=________$A+\overline{A}$=________，$A\cdot\overline{A}$=________，$\overline{\overline{A}}$=________，$\overline{AB}$=________，$\overline{A+B}$=________。

8. $(12345)_{10}$=（______________________________）$_2$。

9. $(12345)_{10}$=（____________________）$_{16}$。

10. $(1A2B)_{16}$=（　　　　　　　　　）$_2$。

11. 用四位二进制码的不同组合，去表示十进制数十个数码的编码，叫做________编码，简称________码。

12. $(1001\ 1000)_{8421BCD}$=（________）$_{10}$。

第 2 章 常用数字集成门电路实训

2.1 74HC08 与门电路实训

2.1.1 74HC08 的外引线排列图

74HC008 是四组 2 输入端与门数字集成电路。如用 IEEE Ⅰ 逻辑符号系统表示，它的引脚排列如图 2-1（a）所示；如用 IEEE Ⅱ 逻辑符号系统表示，它的引脚排列如图 2-1（b）所示。一般地，我们还可用如图 2-1（c）所示符号来表示它的引脚排列图，用图 2-1（c）来表示时，技术上首先要用它的型号来声明逻辑功能是“与”门电路，因此顾名思义，它的逻辑表达式为：Y=AB。

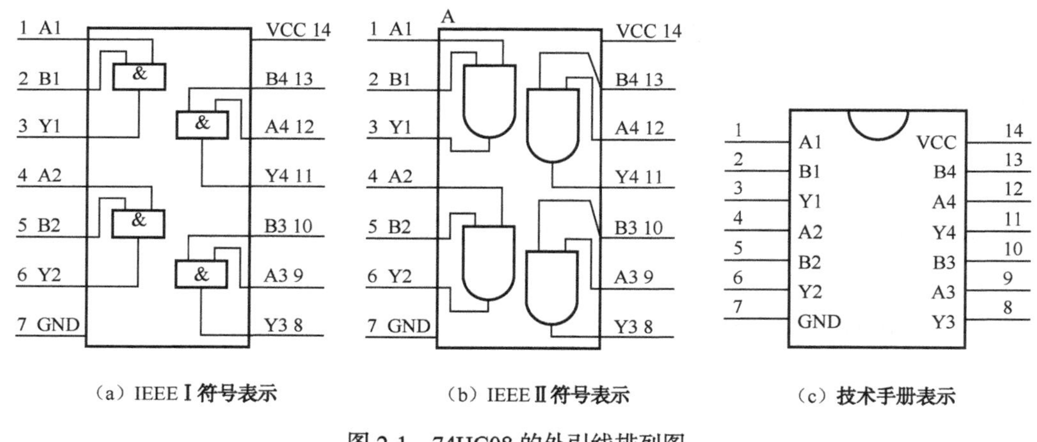

（a）IEEE Ⅰ 符号表示　（b）IEEE Ⅱ 符号表示　（c）技术手册表示

图 2-1　74HC08 的外引线排列图

由于在 Protel 99 电路设计与制版软件中，用图 2-1（c）所示的这种形式表示四组 2 输入端与门数字电路，进行电路板设计时要方便些，因此在本书的各个实训电路中，所有数字集成电路的引脚排列图，我们都用图 2-2 所示这种字母含义方式标记。其中，GND 代表接电源的地端，VCC 代表接电源的+5V 端。

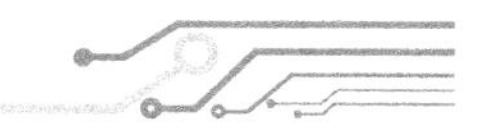

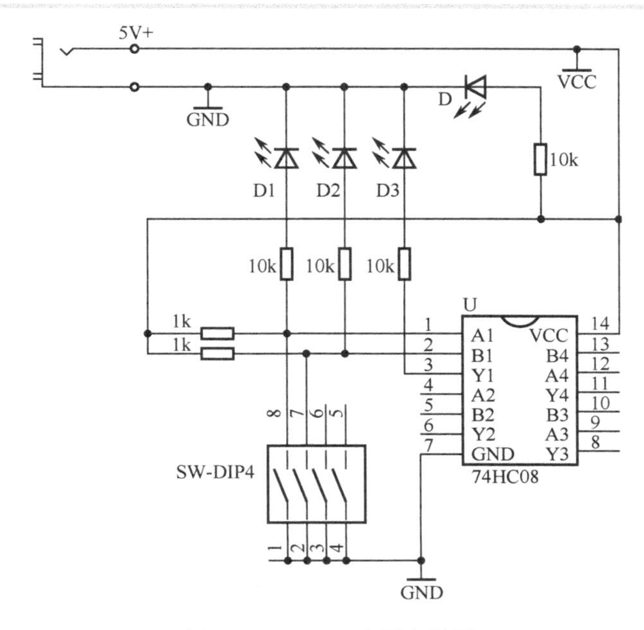

图 2-2　74HC08 实训电路图

2.1.2　74HC08 实训电路图和实训电路板

为了让我们的验证实训操作准确和结果可靠，在本书所有验证电路中，对数字集成电路的输入端和输出端，都用 LED 发光二极管作为输入输出指示，发光二极管点亮，表示对应的输入输出端为高电平（其逻辑值为 1），发光二极管熄灭，代表对应的输入输出端为低电平（其逻辑值为 0）。输入端发光二极管的亮或熄，用拨码开关或按键开关设定。另外，本书所有验证电路的工作电源为 5V 直流电源，都可用输出 5V 的三端稳压电源提供，为节省篇幅，在本书所有实训电路中，都没有给出具体的电源电路。因此，要准备一个输出为 5V 的直流稳压电源，来为本书所有的电路实训服务。

74HC08 的功能验证电路如图 2-2 所示。74HC08 有四组完全相同的 2 输入与门，功能验证只需要对其中任一组进行。看图可知，发光二极 D 作为电源指示。发光二极管 D1 是第一组与门电路的 A 输入端的逻辑值指示，亮代表 A 端为 1 电平，熄代表 A 端为 0 电平；发光二极管 D2 是该与门电路的 B 输入端的逻辑值指示，亮代表 B 端为 1 电平，熄代表 B 端为 0 电平；发光二极管 D3 是该与门电路的输出端 Y 的逻辑值指示，亮代表 Y 端为 1 电平，熄代表 Y 端为 0 电平。两个输入端 A、B 的 1 电平或 0 电平用接在其上的对地开关的状态决定，开关闭合，该输入端的电压为 0，相应的发光二极熄；开关断开，该输入端的电压近似为电源电压（5V 的 11 分之 10 以上），相应的发光二极管亮。

把图 2-2 所示电路中的所有元件全部焊接安装在一块 9cm×7.5cm 的万用电路板上。这里所说的万用电路板，是指电路板的焊接面全是由互相绝缘且中心距为 2.54mm 的焊盘组成的通用焊接板，电子爱好者常称为“洞洞板”。这类万用电路板的尺寸有多种，最常见的是 9cm×15cm（即 34 孔×54 孔，每孔对应一个焊盘）这种规格。本书的绝大多数实训电路，只用其一半即可，于是要将其锯为两块来使用，如图 2-3、图 2-4 所示。

图 2-3　74HC08 实训电路板元件定位图

图 2-4　74HC08 实训电路板焊接连线图

用这种电路板来进行电路实验，缺点是焊接工作要多一些，但能越过制作专用 PCB 板的困难，根除了实验工作在 PCB 设计上就受阻的可能性，从而能直接动手进行我们最感兴趣也最有价值的电路实验。

按图 2-2 所示电路准备好所需元件及万用电路板后，就可按图 2-3 所示的元件位置进行焊接。要注意的是，电路图中的电源插座多用两针插件代替，这样做，一是可降低实训成本，二是安装更方便（ϕ3.5 的电源插座要另行钻孔）。还要特别说明的是，在我们要安装的各块实训电路板上，所有数字 IC 和所有拨码开关，均不直接焊在电路板上，都是先用相应的 IC 插座焊在电路板上，再把数字 IC 和拨码开关插入对应的 IC 插座上。这样做，一方面可让数字 IC 和拨码开关可拔出来再使用，另一方面还可防止因焊接时间过长而损坏数字 IC 或拨码开关。

图 2-4 是电路板的焊接参考图。焊接的要点是：

（1）能用元件的引脚连接到焊接点的，就用其引脚焊接；

（2）能用裸导线连接的就用裸导线焊接；

（3）最后才考虑用绝缘导线来焊接。

2.1.3　74HC08 与功能验证步骤

功能验证是我们的主要目的，我们就是要通过功能验证来掌握数字 IC 的应用要领。在本节的实训中，就是对图 2-4 所示的电路板进行加电和按键，观察和记录操作。其步骤如下：

（1）给电路板加上 5V 工作电源，发光二极管 D 亮表示加电有效。

（2）拨动拨码开关，让电路板上左面（接在 B1 引脚上）的发光二极管亮而右面（接在 A1 引脚上）的发光二极管熄，并把输出端（接在 Y1 引脚上）发光二极管的亮熄情况填入表 2-1 中。

（3）拨动拨码开关，让电路板上左面的发光二极管熄而右面的发光二极管亮，并把输出端发光二极管的亮熄填入表 2-1 中。

（4）拨动拨码开关，让电路板上左右两个发光二极管都熄，并把输出端发光二极管的亮熄填入表 2-1 中。

（5）拨动拨码开关，让电路板上左右两个发光二极管都亮，并把输出端发光二极管的亮熄填入表 2-1 中。

表 2-1　与门电路（74HC08）真值表

A1	B1	Y1
0	1	0
1	0	0
0	0	0
1	1	1

根据填表结果，可总结出 2 输入端与门电路的逻辑功能是：当且仅当与门的两个输入都为 1（都加上高电平）时，与门的输出端 Y 才为 1（输出高电平），只要有一个输入端为 0（加的是低电平），与门的输出端 Y 就为 0（输出是低电平）。

表 2-1 所示的真值表，实际上还可这样理解：与门电路具有两种角色，站在“1”角度上，它是“与逻辑”（“1”与门），站在“0”角度上，它就是“或逻辑”（“0”或门）。在数字电路系统设计时，也可以把与门电路反其意而用之。

与门电路的控制功能：在与门电路的 A 输入端接一控制开关 K，当开关 K 闭合时，A 输入端为 0，当开关断开时，A 输入端为 1。在与门电路的 B 输入端接一数字信号。当 A=0（K 闭合时），与门的输出端 Y=0；当 A=1（K 断开）时，与门的输出端 Y=B。这就是说，与门电路 B 输入端上的数字信号，受到了与门电路另一输入端 A 的控制。

2.2 74HC32 或门电路实训

2.2.1 74HC32 的外引线排列图

74HC32 是四组 2 输入端或门数字集成电路。它的三种符号表示如图 2-5 所示。用第三种方式表示时，首先要用它的型号来界定其逻辑功能是“或”门电路，因此这就确定了它的逻辑表达式为：Y=A+B。

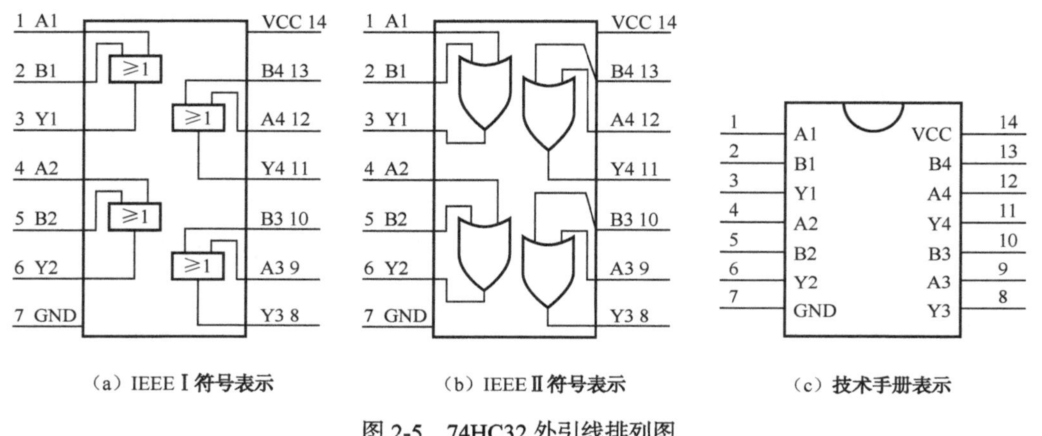

（a）IEEE Ⅰ符号表示　（b）IEEE Ⅱ符号表示　（c）技术手册表示

图 2-5　74HC32 外引线排列图

回忆前面一节中用字母含义方式标记的 74HC08 引脚排列图，对比这里用字母含义方式标记的 74HC32 的引脚排列图，两者完全相同，没有任何差别。但必须要明白的是，它们的功能根本不同，它们的应用目的也不相同，对这一点，我们必须心中有数。

2.2.2 74HC32 实训电路图和实训电路板

按照与 74HC08 进行电路验证的相似手法，对于 74HC32 的功能验证电路设计，我们同样在第 1 组门电路的两个输入引脚上接上分压形式且能与地短路的可变电平，在第 1 组门电路的输出端接上电平指示的发光二极管（含限流二极管），于是所得到的 74HC32 的功能验证电路如图 2-6 所示。

我们可以看出，图 2-6 的整个线路连接与前面图 2-2 的线路连接完全相同。因此，对 74HC32 我们就没有必要再去安装实训电路板了，而是直接借用前面 74HC08 的实训电路板，来进行关于 74HC32 的或功能验证，即把原电路板上的 74HC08 拔下来，而把 74HC32 换插上去进行电路验证。换了芯片后的实训电路板如图 2-7 所示。

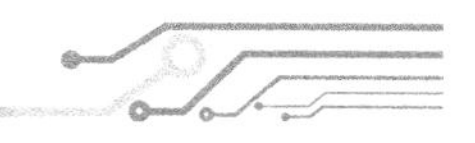

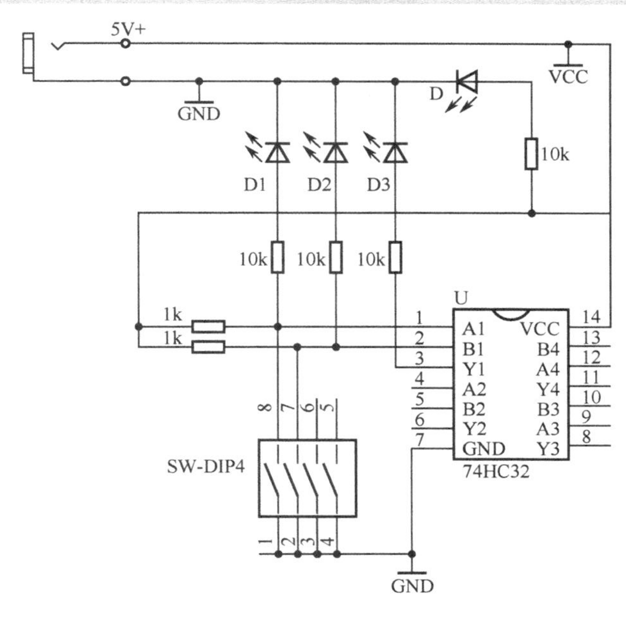

图 2-6　74HC32 实训电路图

图 2-7　74HC32 实训电路板

2.2.3　74HC32 或功能验证步骤

由于 74HC32 引脚排列和 74HC08 引脚排列完全相同，因此，74HC32 的功能验证步骤与 74HC08 的功能验证步骤完全相同，由于二者的功能不同，所以可以肯定验证所得的结果不同。下面就来对图 2-7 所示的电路板进行加电和按键，观察和记录操作。其步骤如下。

（1）给电路板加上 5V 工作电源，发光二极管 D 亮表示加电有效。

（2）拨动拨码开关，让电路板上左面（接在 B1 引脚上）的发光二极管亮而右面（接在 A1 引脚上）的发光二极管熄，并把输出端（接在 Y1 引脚上）发光二极管的亮熄标记填入表 2-2 中。

（3）拨动拨码开关，让电路板上左面的发光二极管熄而右面的发光二极管亮，并把输出端发光二极管的亮熄标记填入表 2-2 中。

（4）拨动拨码开关，让电路板上左右两个发光二极管都熄，并把输出端发光二极管的亮熄填入表 2-2 中。

（5）拨动拨码开关，让电路板上左右两个发光二极管都亮，并把输出端发光二极管的亮熄填入表 2-2 中。

表 2-2　或门电路（74HC32）真值表

A1	B1	Y1
0	1	1
1	0	1
0	0	0
1	1	1

根据填表结果，可总结出 2 输入端或门电路的逻辑功能是：只要或门的两个输入端中任一个为 1（加上高电平），或门的输出端 Y 就为 1（输出高电平），只有两个输入端都为 0（均加低上电平），与门的输出端 Y 才为 0（输出是低电平）。

表 2-2 所示的真值表，实际上也可这样理解：或门电路具有两种角色，站在“1”角度上，它是“或逻辑”（“1”或门），站在“0”角度上，它就是“与逻辑”（“0”与门）。在数字电路系统设计时，也可以把或门电路反其意而用之。

想想看，有 3 个输入端的或门电路的功能应怎样描述？

2.3　74HC04 非门电路实训

2.3.1　74HC04 的外引线排列图

74HC04 是六非门数字集成电路。它的三种符号表示如图 2-8 所示。用第三种方式表示时，首先要用它的型号来界定其逻辑功能是“非”门电路，因此这就确定了它的逻辑表达式为：Y=$\overline{A}$。

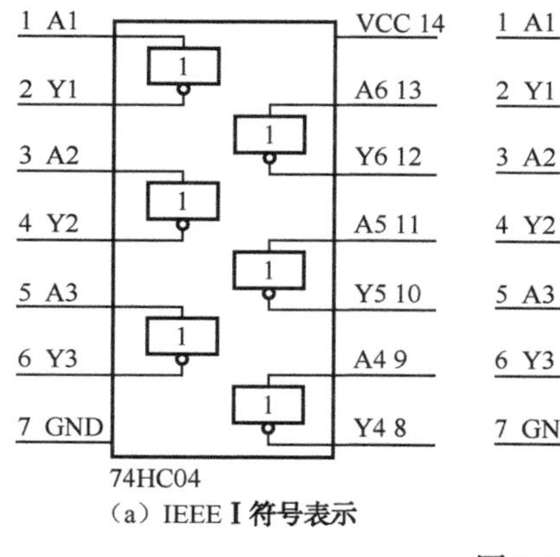

（a）IEEE Ⅰ符号表示

（b）IEEE Ⅱ符号表示

（c）技术手册表示

图 2-8　74HC04 的外引线排列图

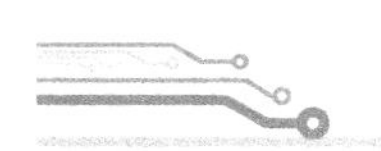

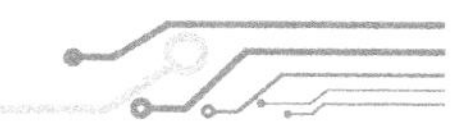

2.3.2　74HC04实训电路图和实训电路板

74HC04的实训电路如图2-9所示。74HC04有六组完全相同的非门，功能验证只需对其中任一非门进行。看图可知，发光二极D作为电源指示。发光二极管D1是第一组非门电路的A1输入端的逻辑值指示，亮代表A1端为1电平，熄代表A1端为0电平；发光二极管D2是该非门电路的输出端Y1的逻辑值指示，亮代表Y1端为1电平，熄代表Y端为0电平。输入端A1的电平用接在其上的对地开关的状态决定，开关闭合，该输入端的电压为0，相应的发光二极管D1熄；开关断开，该输入端的电压近似为电源电压（5V的11分之10以上），相应的发光二极管D1亮。

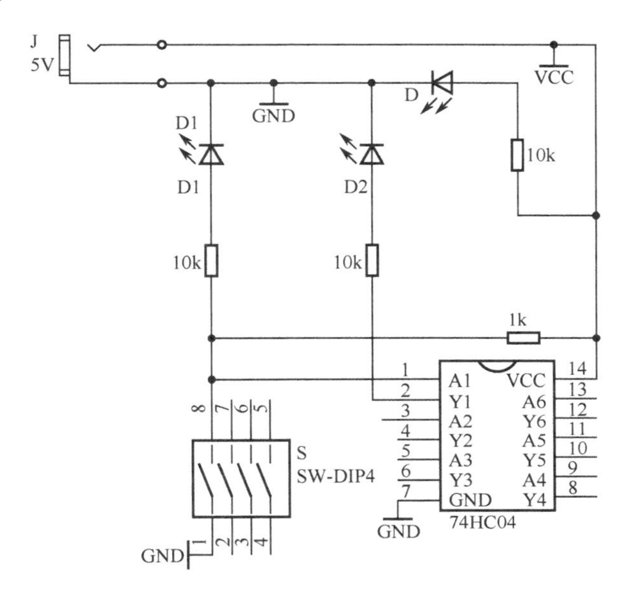

图2-9　74HC04实训电路图

把图2-9所示电路中的所有元件全部焊接安装在一块9cm×7.5cm的万用电路板上。图2-10为元件定位图。焊接的有关注意事项与与门功能验证电路板的焊接注意事项相同，在此不再重复。具体的焊接如图2-11所示。

图2-10　74HC04实训电路板元件定位图

图2-11　74HC04实训电路板布线焊接图

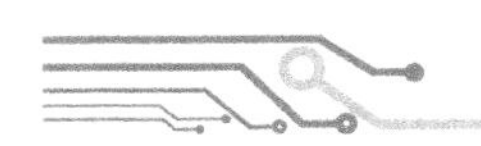

2.3.3 74HC04 非功能验证步骤

非门电路的功能验证相对简单。主要就是在其输入端分别加 1 电平和 0 电平，并相应观察其输出端的电平指示，步骤如下。

（1）给电路板加上 5V 工作电源，发光二极管 D 亮表示加电有效。

（2）拨动拨码开关，让电路板上红色（接在 A1 引脚上）的发光二极管亮，把输出端（接在 Y1 引脚上）绿色发光二极管的亮熄情况填入表 2-3 中。

（3）拨动拨码开关，让电路板上红色发光二极管熄，把输出端发光二极管的亮熄情况填入表 2-3 中。

表 2-3 非门电路（74HC04）真值表

A1	Y1
1	0
0	1

由此可知，非门的输入端为 1 电平，非门的输出端为 0 电平；非门的输入端为 0 电平，非门的输出端为 1 电平。因此，非门电路又称反相器。

2.4 74HC14 斯密特非门电路实训

2.4.1 74HC14 的外引线排列图

74HC14 是六非门数字集成电路。它的三种符号表示如图 2-12 所示。用第三种方式表示时，首先要用它的型号来界定其逻辑功能是“非”门电路，因此这就确定了它的逻辑表达式为：$Y=\overline{A}$。

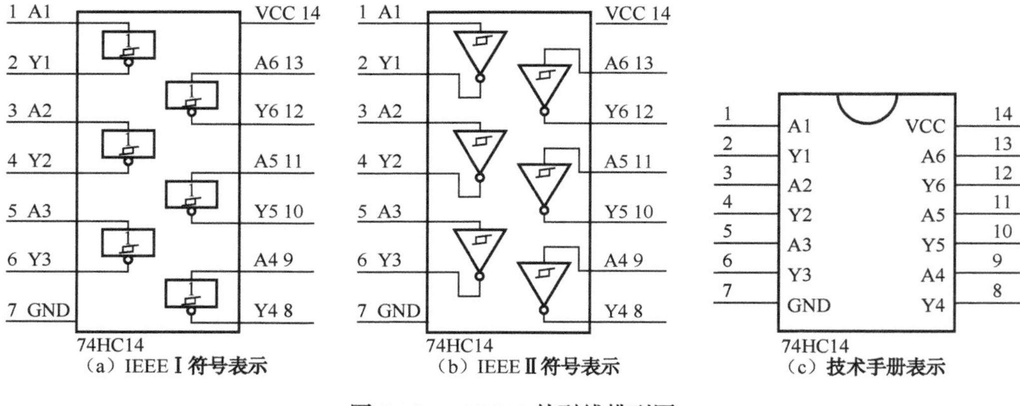

图 2-12 74HC14 外引线排列图

让我们比较一下关于 74HC14 与 74HC04 在两种逻辑系统符号中的逻辑表示，可以看出，74HC14 的两种表示都比 74HC04 多了一个特殊符号“⎍”。这个符号用来表示输入电平具有

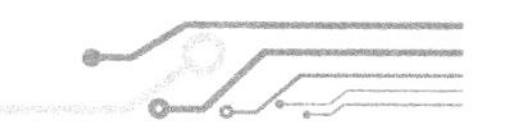

“滞后特性”，即斯密特触发器特性。下面，就是用 74HC14 的实训电路来验证 74HC14 的输入滞后特性。

2.4.2　74HC14 实训电路图和实训电路板

74HC14 的实训电路如图 2-13 所示。74HC14 有六组完全相同的非门，功能验证只需要对其中任一非门进行。看图可知，发光二极 D 作为电源指示。输入端 A1 接在了 10kΩ电位器的滑动触点上，调节这个电位器，就可调节 A1 输入端上的输入电平。发光二极管 D1 是该非门电路的输出端 Y1 的逻辑值指示，亮代表 Y1 端为 1 电平，熄代表 Y1 端为 0 电平。验证的过程就是观察，Y1 输出端发光二极管 D1 的亮熄与输入端的电平变化间的逻辑关系。

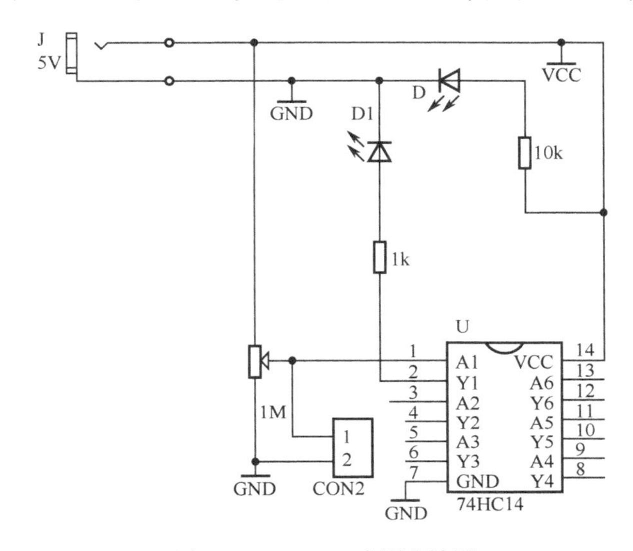

图 2-13　74HC14 实训电路图

把图 2-13 所示电路中的所有元件全部焊接安装在一块 9cm×7.5cm 的万用电路板上。两针插座 CON2 用来外接万用电表，以读取输入端 A1 上的电压值。图 2-14 为实训电路板的元件定位图，图 2-15 为实训电路板的焊接布线图。

图 2-14　74HC14 实训电路板元件定位图

图 2-15　74HC14 实训电路板焊接布线图

2.4.3　74HC14 斯密特功能的验证步骤

按图 2-14 所示接上 5V 电源，电源指示发光二极管应正常发光。让万用表位于直流 10V 挡，并把万用电表接在 CON2 的两极上，注意万用表的红表笔要接在对应于电位器滑动触点的电极上。然后按下面的过程进行验证操作。

（1）把电位器的滑动触点调整到电位器的接地端，此时万用电表读数应为 0，由于 A1=0，所以 Y1=1，因此输出端 Y1 的发光二极管应点亮。

（2）把电位器的滑动触点向电源端缓缓转动，特别要注意观察当 D1 突然转亮为熄瞬间万用表上的电压读数，把这个电压读数记为 V1。

（3）反转方向，把电位器的滑动触点向接地端缓缓转动，特别要注意观察当 D1 突然转熄为亮瞬间万用表上的电压读数，把这个电压读数记为 V2。

看看 V1、V2 是多少，V1−V2 是多少。

取下 5V 电源，把电路板上的 74HC14 拔下，换插上 74HC04，然后再接上 5V 电源。对 74HC04 按上述过程也做一遍完全相同的验证操作。

对比 74HC14 验证操作中的 V1、V2 与 74HC04 验证操作中的 V1、V2，这个差别，就是斯密特非门电路的“滞后特性”。利用这一滞后特性，可以实现波形的整形。

2.5　74HC00 与非门电路实训

2.5.1　74HC00 的外引线排列图

74HC00 是四组 2 输入端与非门数字集成电路。它的三种符号表示如图 2-16 所示。用第三种方式表示时，首先要用它的型号来界定其逻辑功能是“与非”门电路，因此这就确定了它的逻辑表达式为：$Y=\overline{AB}$。

回忆用字母含义方式标记的 74HC08、74HC32 的引脚排列图，对比这里用字母含义方式标记的 74HC00 的引脚排列图，三者完全相同，没有任何差别。但必须要明白的是，它们的功

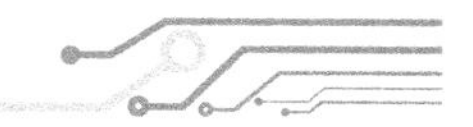

能根本不同，它们的应用目的也不相同，对这一点，我们一定要心中有数。

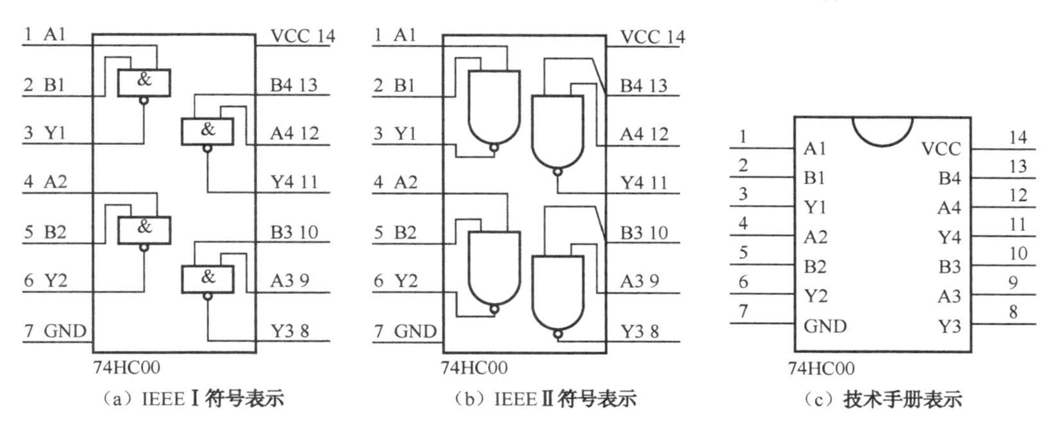

图 2-16　74HC00 的外引线排列图

2.5.2　74HC00 实训电路图和实训电路板

按照与 74HC08、74HC32 进行电路验证的相似手法，对于 74HC00 的功能验证电路设计，我们也同样是在第 1 组门电路的两个输入引脚上接上分压形式且能与地短路的可变电平，在第 1 组门电路的输出端接上电平指示的发光二极管（含限流二极管），于是所得到的 74HC00 的实训电路如图 2-17 所示。

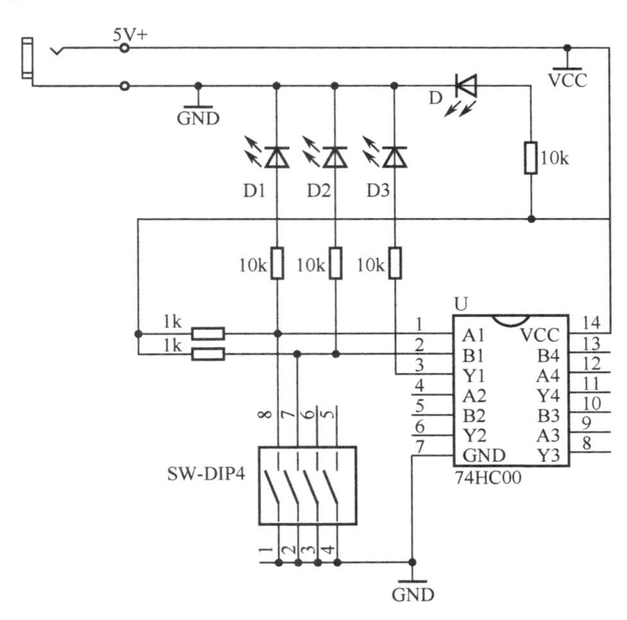

图 2-17　74HC00 实训电路图

我们可以看出，图 2-17 的整个线路连接与图 2-2 的线路连接完全相同。因此，对 74HC00 我们仍没有必要再去安装实训电路板，而是直接借用前面 74HC08 的实训电路板，来进行 74HC00 的功能验证，即把原电路板上的 74HC08 拔下来，而把 74HC00 换插上去进行电路验证。换了芯片后的实训电路板如图 2-18 所示。

图 2-18 74HC00 实训电路板

2.5.3 74HC00 与非功能的验证步骤

由于 74HC00 引脚排列和 74HC08 引脚排列完全相同，因此，74HC00 的功能验证步骤与 74HC08 的功能验证步骤完全相同，由于二者的功能不同，所以可以肯定验证所得的结果不同。现在就来对图 2-18 所示的电路板进行加电和按键，观察和记录操作。其步骤如下。

（1）给电路板加上 5V 工作电源，发光二极管 D 亮表示加电有效。

（2）拨动拨码开关，让电路板上左面（接在 B1 引脚上）的发光二极管亮而右面（接在 A1 引脚上）的发光二极管熄，并把输出端（接在 Y1 引脚上）发光二极管的亮熄填入表 2-4 中。

（3）拨动拨码开关，让电路板上左面的发光二极管熄而右面的发光二极管亮，并把输出端发光二极管的亮熄填入表 2-4 中。

（4）拨动拨码开关，让电路板上左右两个发光二极管都熄，并把输出端发光二极管的亮熄填入表 2-4 中。

（5）拨动拨码开关，让电路板上左右两个发光二极管都亮，并把输出端发光二极管的亮熄填入表 2-4 中。

表 2-4 与非门电路（74HC00）真值表

A1	B1	Y1
0	1	1
1	0	1
0	0	1
1	1	0

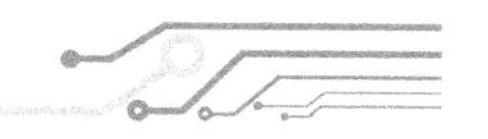

根据填表结果，可总结出 2 输入端与非门电路的逻辑功能是：与非门的两个输入端都为 1（都加上高电平）时，与非门的输出端 Y 为 0（输出为低电平）；只要有 1 个输入端为 0（加低电平），与非门的输出端 Y 就为 1（输出高电平）。

由这样“只要有 1 个输入端为 0（加低电平），与非门的输出端 Y 就为 1（输出高电平）”一种因果关系，也可以把与非门视为“或”逻辑因果关系，因为它符合反演律。请看：

$$\overline{AB}=\overline{A}+\overline{B}$$

也就是说，与非门应有个别名——“非或门”。

想想看，有 8 个输入端的与非门电路的功能应怎样描述？

2.6　74HC86 异或门电路实训

2.6.1　74HC86 的外引线排列图

74HC86 是四组 2 输入端异或门数字集成电路。它的三种符号表示如图 2-19 所示。用第三种方式表示时，首先要用它的型号来界定其逻辑功能是“异或”门电路，因此这就确定了它的逻辑表达式为：$Y=\overline{A}B+A\overline{B}$。

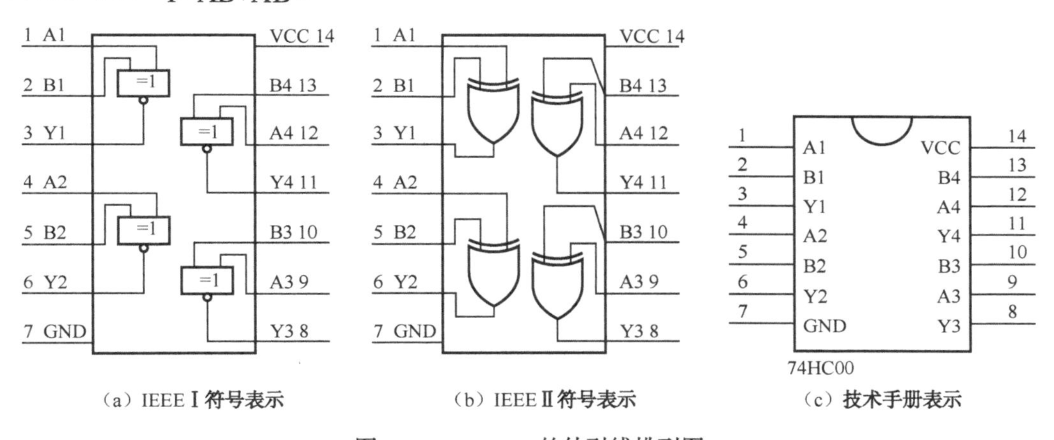

（a）IEEE Ⅰ符号表示　（b）IEEE Ⅱ符号表示　（c）技术手册表示

图 2-19　74HC86 的外引线排列图

回忆用字母含义方式标记的 74HC08、74HC32、74HC00 的引脚排列图，对比这里用字母含义方式标记的 74HC86 的引脚排列图，四者完全相同，没有任何差别。但必须要明白的是，它们的功能不同，它们的应用目的也不同，对这一点，我们必须心中有数。

2.6.2　74HC86 实训电路图和实训电路板

按照与 74HC08 进行电路验证的相似手法，对于 74HC86 的功能验证电路设计，我们同样是在第 1 组门电路的两个输入引脚上接上分压形式且能与地短路的可变电平，在第 1 组门电路的输出端接上电平指示的发光二极管（含限流二极管），于是所得到的 74HC86 的功能验证电路，如图 2-32 所示。

我们又可看出，图 2-20 的整个线路连接与图 2-2 的线路连接完全相同。因此，对 74HC86 我们仍没有必要再去安装实训电路板，而是直接借用前面 74HC08 的实训电路板，来进行关于 74HC86 的功能验证，即把原电路板上的 74HC08 拔下来，而把 74HC86 换插上去进行电路验证。换了芯片后的实训电路板如图 2-21 所示。

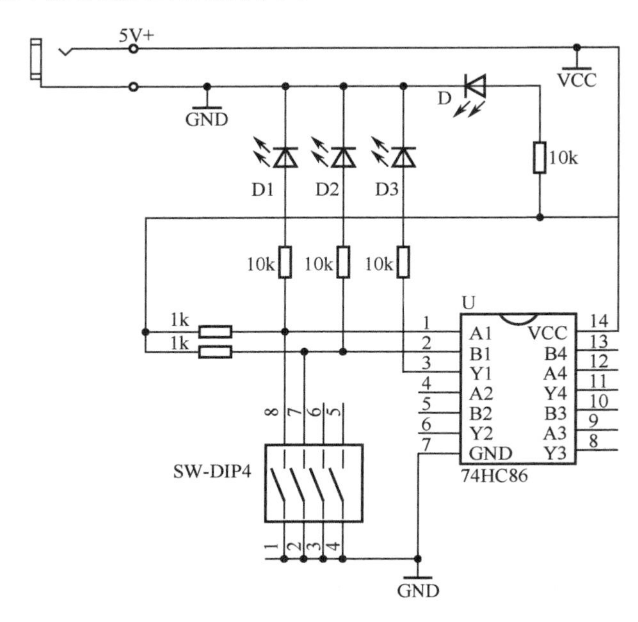

图 2-20　74HC86 实训电路图

图 2-21　74HC86 实训电路板

2.6.3　74HC86 异或功能的验证步骤

由于 74HC86 引脚排列和 74HC08 引脚排列完全相同，因此，74HC86 的功能验证步骤与

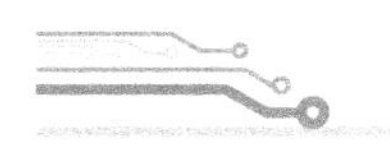

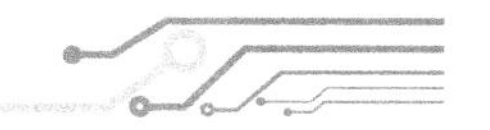

74HC08 的功能验证步骤完全相同，由于二者的功能不同，所以可以肯定验证所得的结果不同。现在就来对图 2-21 的所示的电路板进行加电和按键，观察和记录操作。其步骤如下。

（1）给电路板加上 5V 工作电源，发光二极管 D 亮表示加电有效。

（2）拨动拨码开关，让电路板上左面（接在 B1 引脚上）的发光二极管亮而右面（接在 A1 引脚上）的发光二极管熄，并把输出端（接在 Y1 引脚上）发光二极管的亮熄填入表 2-5 中。

（3）拨动拨码开关，让电路板上左面的发光二极管熄而右面的发光二极管亮，并把输出端发光二极管的亮熄填入表 2-5 中。

（4）拨动拨码开关，让电路板上左右两个发光二极管都熄，并把输出端发光二极管的亮熄填入表 2-5 中。

（5）拨动拨码开关，让电路板上左右两个发光二极管都亮，并把输出端发光二极管的亮熄填入表 2-5 中。

表 2-5　异或门电路（74HC86）真值表

A1	B1	Y1
0	1	1
1	0	1
0	0	0
1	1	0

根据填表结果，可总结出 2 输入端异或门电路的逻辑功能是：只有异或门的两个输入端的逻辑电平值相同，异或门的输出端 Y 才为 0（输出为低电平），只要两个输入端的逻辑电平值相异，与非门的输出端 Y 就为 1（输出高电平）。

2.7　74HC04 方波振荡器实训

2.7.1　时钟信号和方波振荡器

在常见的由数字电路组成的系统中，都要用一个如图 2-22 所示的方波信号来指挥整个电路系统按一定的节拍协同工作，这个信号称为时钟信号。常记为 CLOCK 或 CLK、CK、CP 等。能够产生这种时钟信号的电路称为方波振荡器。数字电路中的时钟信号，可用非门电路和 RC 元件构成的方波振荡器提供。

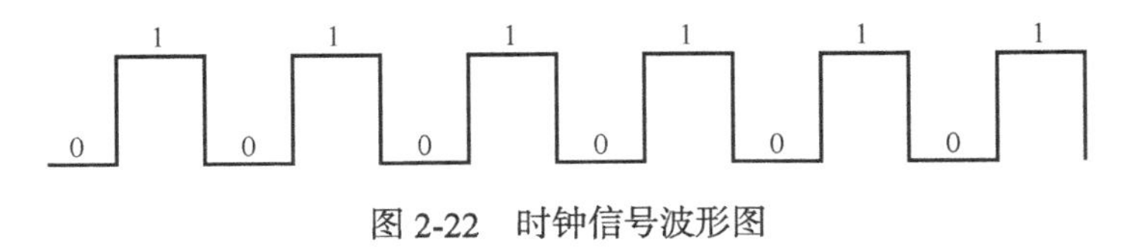

图 2-22　时钟信号波形图

用 CMOS 非门电路来构成方波振荡器的电路原理图如图 2-23 所示。

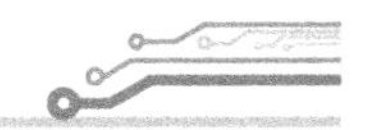

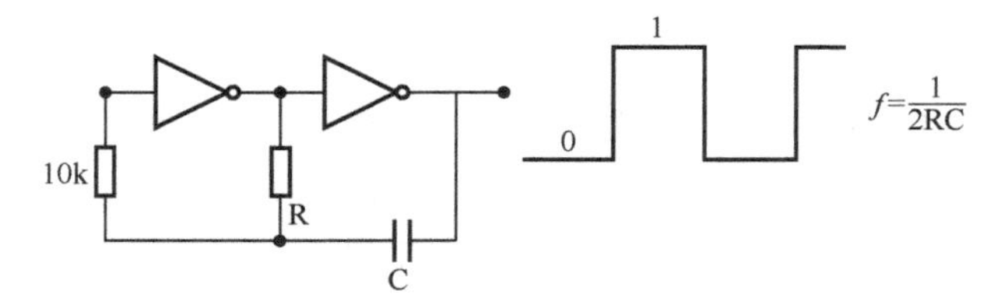

图 2-23　CMOS 非门电路方波振荡器

2.7.2　74HC04 方波振荡实训电路图和实训电路板

用 74HC04 实现的方波振荡验证电路如图 2-24 所示。图中，发光二极管 D 用做电源指示，发光二极管 D1 用做振荡指示，1MΩ电位器当做变阻器使用，可用来调节方波振荡器的振荡频率，在这里，振荡频率可调节到很低，发光二极管一亮一熄的变化速度，即可反映出方波振荡器的振荡节拍。

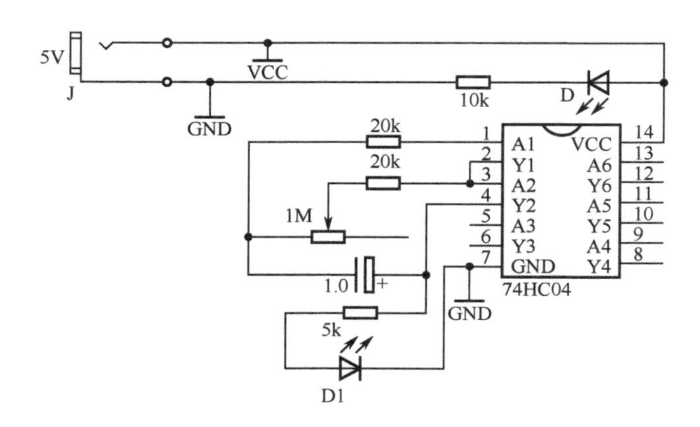

图 2-24　74HC04 方波振荡实训电路图

把图 2-24 所示电路中的所有元件全部焊接安装在一块 9cm×7.5cm 的万用电路板上。图 2-25 为元件定位图，图 2-26 为焊接布线图。

图 2-25　74HC04 振荡电路板元件定位图

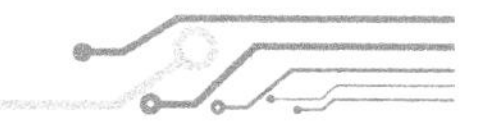

图 2-26　74HC04 振荡电路板焊接布线图

2.7.3　74HC04 方波振荡电路的验证步骤

把图 2-25 所示电路板接上 5V 电源，电源指示发光二极管应正常发光。左右调节 1MΩ电位器，可使振荡指示的发光二极管一亮一熄的节拍随之变化。

2.8　74HC14 方波振荡器实训

2.8.1　74HC14 方波振荡电路图和实训电路板

用斯密特非门电路 74HC14 也能构成方波振荡器，其电路原理图如图 2-27 所示。

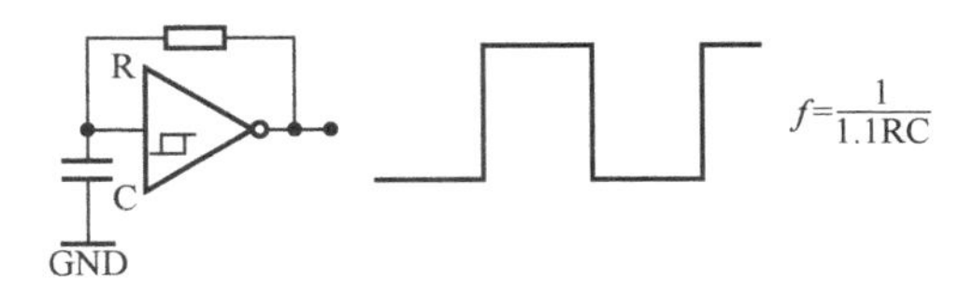

图 2-27　斯密特非门方波振荡器

由图 2-27 可见，这个方波振荡电路更简单，只用了 1 个斯密特非门电路。用 74HC14 实现的方波振荡验证电路如图 2-28 所示。图中，发光二极管 D 用做电源指示，发光二极管 D1 用做振荡指示，1MΩ电位器当做变阻器使用，用来调节方波振荡器的振荡频率，在这里，振荡频率可调节到很低，从发光极管一亮一熄的变化速度，即可反映出方波振荡器的振荡节拍。

把图 2-28 所示电路中的所有元件全部焊接安装在一块 9cm×7.5cm 的万用电路板上。图 2-29 为元件定位图，图 2-30 为焊接布线图。

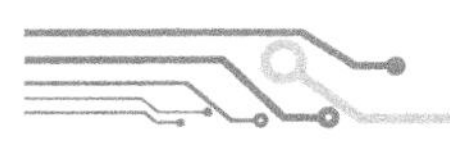

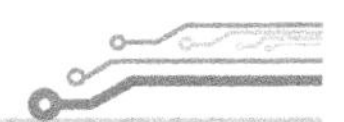

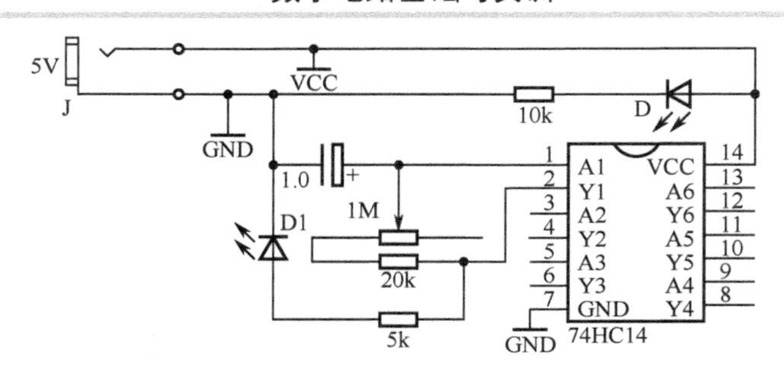

图 2-28　74HC14 方波振荡器实训电路图

图 2-29　74HC14 振荡电路板元件定位图

图 2-30　74HC14 振荡电路板焊接布线图

2.8.2　74HC14 方波振荡器电路的验证步骤

把图 2-29 所示电路板接上 5V 电源，电源指示发光二极管应正常发光。左右调节 1M 电位器，可使振荡指示的发光二极管一亮一熄的节拍随之变化。

小　结　2

（1）掌握本章介绍的 6 种门电路的引脚排列图和逻辑功能。

（2）掌握 74HC08、74HC00、74HC32 和 74HC86 的异同点。

（3）掌握用 74HC04 构成的方波振荡器电路。

（4）掌握用 74HC14 构成的方波振荡器电路。

习　题　2

1. 74HC08，74HC00，74HC32，74HC86 都是具有_____个门电路的数字 IC。它们的每个门电路都有______个输入端，____个输出端。它们的引脚数______，引脚排列______，引脚的字母表示_________，但它们的功能不同。74HC08 是________门电路，74HC32 是_____门电路，74HC00 是________门电路，74HC86 是________门电路。

2. 用 A 和 B 表示门电路的两个输入端，用 Y 表示其输出端。则与门电路的逻辑表达式为______________________，或门电路的逻辑表达式为____________________，与非门电路的逻辑表达式为____________________，异或门电路的逻辑表达式为___________________ 。

3. 其逻辑表达式为“$Y=\overline{A+B}$”的门电路称为_____________________，由反演律，它的别名可写为_______________。

4. 74HC04 共有________个__________门电路，74HC14 共有________个__________门电路。74HC04 与 74HC14 的差别在于_______________________有_______________特性。

5. 画出用 CMOS 反相器构成的方波振荡电路。

6. 画出用 CMOS 斯密特非门构成的方波振荡电路。

第 3 章

常用组合逻辑电路实训

3.1 74HC148 优先编码器实训

3.1.1 普通编码器与优先编码器

编码就是对一组信息中的每一信息赋予一个二进制代码。例如，设要编码甲、乙、丙、丁四个开关的闭合信息，可把甲开关闭合（而其余三个开关断开）编码为 00，把乙开关闭合（其余断开）编码为 01，把丙开关闭合（其余断开）编码为 10，把丁开关闭合（其余断开）编码为 11。这种编码机制对信息的结构有所限制，即不允许有两个以上的开关同时闭合，称为普通编码器。普通编码器的特点就是不能同时出现两个以上的输入信号。普通编码器的这一限制条件对其使用有所不便。

为克服普通编码器的不足，人们考虑出了有优先机制的编码办法，即对各输入信号先排出一个优先级，编码器允许多个信号同时输入，但只对优先级最高者编码，这就是优先级编码器。74HC148 就是一种优先编码器。

3.1.2 74HC148 的引脚排列图和功能表

74HC148 的引脚排列如图 3-1 所示。在引脚排列图上，有小圆圈的引脚表示该引脚信号低电平有效。引脚名称有上画线的，也同样表示低电平有效。

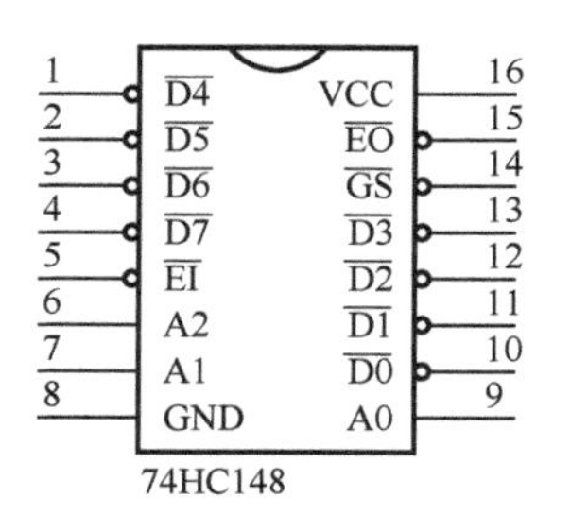

图 3-1 74HC148 的引脚排列图

从图 3-1 可以看出，74HC148 有 8 个编码信号输入端，有 3 位编码输出端，因此称为 8 线–3 线编码器。另外，第 5 脚上的 EI 端为输入使能端，低电平有效；第 14 脚上的 GS 端为片扩展输出端,低电平有效;第15脚上的EO为输出使能端,低电平有效。为了能正确使用74HC148,我们必须要有它的功能表资料,要根据它的功能表来进行应用电路设计。74HC148的功能表见表3-1。

表3-1　74HC148功能表

输入									输出				
$\overline{EI}$	D7	D6	D5	D4	D3	D2	D1	D0	A2	A1	A0	GS	EO
1	X	X	X	X	X	X	X	X	1	1	1	1	1
0	1	1	1	1	1	1	1	1	1	1	1	1	0
0	0	X	X	X	X	X	X	X	0	0	0	0	1
	1	0	X	X	X	X	X	X	0	0	1	0	1
	1	1	0	X	X	X	X	X	0	1	0	0	1
	1	1	1	0	X	X	X	X	0	1	1	0	1
	1	1	1	1	0	X	X	X	1	0	0	0	1
	1	1	1	1	1	0	X	X	1	0	1	0	1
	1	1	1	1	1	1	0	X	1	1	0	0	1
	1	1	1	1	1	1	1	0	1	1	1	0	1

功能表中的X表示，这里无论输入何值，对输出都无影响。由此可知，D7位的优先级最高，当D7位输入为低电平（用0或L表示）时，它的三位编码就完全确定了，是“000”，它后面的那七位无论输入何值，对它都无影响；当D6位输入为低电平时，D6后面的五位无论输入何值对它的编码都无任何影响，但它前面的高位D7必须是输入高电平（高电平在这里是无效输入），表示D6位有效的三位编码“001”才产生；如果D6位输入低电平同时D7位也输入低电平，编码器就对优先级高的D7位有效信号进行编码，即优先级低的D6位的编码资格就被优先级高的D7位有效信号取消了。总之，在74HC148工作时，它对输入的“1”电平信号不编码，即“1”电平信号不是编码信号，74HC148在工作时只对输入的“0”电平信号编码，即“0”电平信号才是编码信号，如果同时出现了多个“0”电平信号，74HC148就只对优先级最高的那一个信号编码，并把编码结果放在A2~A0引脚上。

根据功能表资料，我们还知道了EI、GS和EO这三个引脚的功能。当EI引脚加1电平时，编码不工作，处于禁止状态；当EI引脚加0电平时，编码器才工作。对于GS和EO两引脚，相信读者可以根据功能表自己分析它们的作用，从略。

3.1.3　74HC148实训电路图和实训电路板

学习数字电路技术，最有效的途径就是进行数字电路的通电实验，全面验证输入信号的各种变化情形对输出信号的各种影响。为了更准确、更直观地反映输入信号输出信号的逻辑电平，我们特意在各输入端加上可取1电平或0电平的拔码开关，并用LED元件作为电平指示，在各输出端也用LED元件作为输出电平指示。这样，就可利用输入输出的电平指示，全面完成功能表的电路验证。74HC148的功能验证电路如图3-2所示。

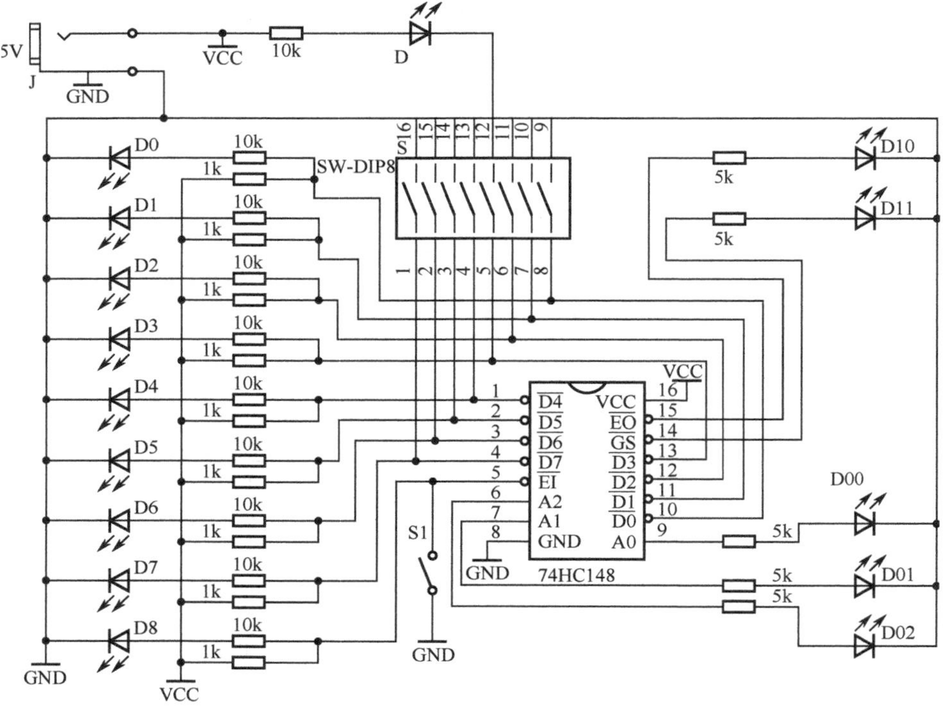

图 3-2　74HC148 实训电路图

把图 3-2 所示电路中的所有元件全部焊接安装在一块 9cm×7.5cm 的万用电路板上。图 3-3 为实训电路板的元件定位图，图 3-4 为实训电路板的焊接布线图。

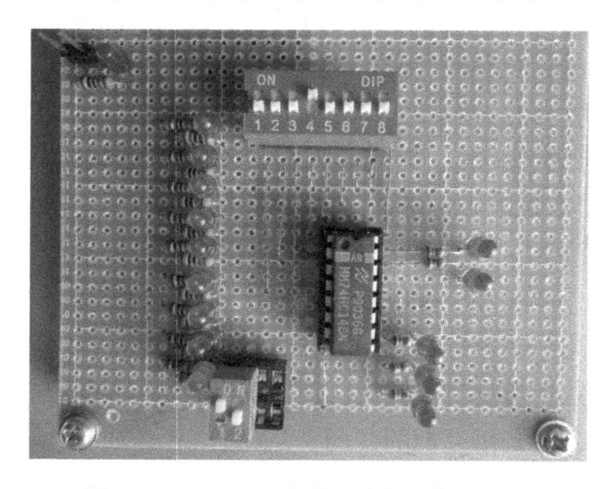

图 3-3　74HC148 实训电路板元件定位图

在元件定位图中，最左边一列发光二极管是输入电平指示，从上到下依次是 D0~D8，D8 是输入使能端的电平指示，D8 上面的 8 个发光二极管是编码信号输入的电平指示，最上面的是 D0，其优先级最低。要特别注意，这 9 个发光二极管都是低电平有效（即熄为有效，亮为无效）。中间一列的 3 个发光二极管是编码所得的三位编码指示。最右一列的两个发光二极管分别是 $\overline{\mathrm{GS}}$ 和 $\overline{\mathrm{EO}}$ 端的电平显示。在元件定位图中，上面的 8 位拨码开关，用来设置 8 个输入

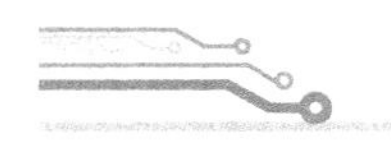

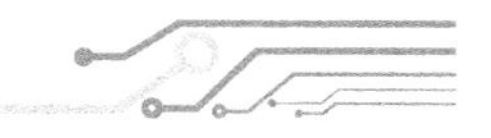

信号的有（0 电平）和无（1 电平），下面的两位拨码开关，只用了左边的一位，用来设置 $\overline{EI}$ 的 0 电平（绿色发光管熄，使能）或 1 电平（绿色发光管亮，禁止）。

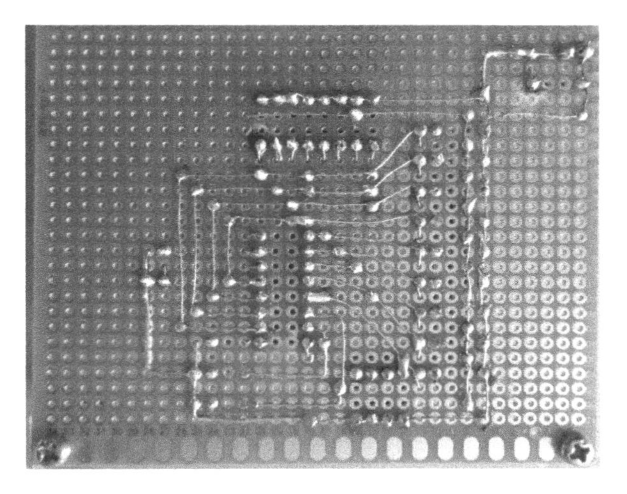

图 3-4　74HC148 实训电路板焊接布线图

3.1.4　74HC148 编码功能的验证步骤

（1）给验证电路板通上 5V 工作电源，发光二极管 D 点亮，通电有效。

（2）依照 74HC148 的功能表中的行顺序，一行接一行，按照功能表中给出的各输入值，用拨码开关完成相应设定后，观察右边五个发光二极管的电平指示，应与功能表上的电平值数据一一对应。

（3）验证 74HC148 编码器的优先编码功能。

3.2　74HC138 译码分离器实训

译码器的作用与编码器的作用相反，它是把 n 位二进制代码，翻译成相对应的 2^n 个信号，在这里，我们以 74HC138 为例，学习集成电路译码器的使用技术。

3.2.1　74HC138 的引脚排列图和功能表

74HC138 的引脚排列图如图 3-5 所示。.

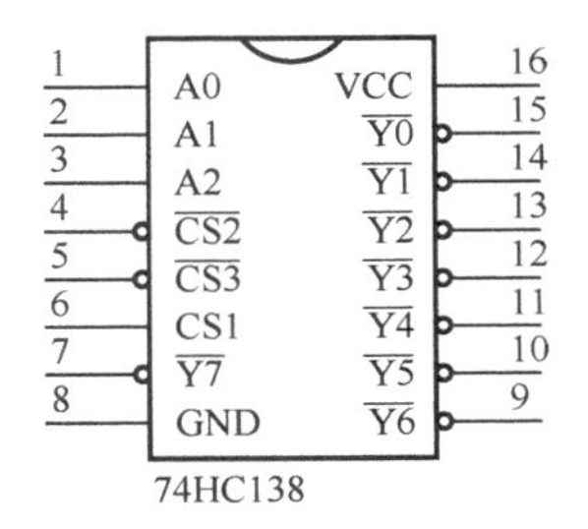

图 3-5　74HC138 引脚排列图

由 74HC138 的引脚排列图可知，它有 3 根编码输入线，有 8 根译码输出线，因此称之为 3 线-8 线译码器。另外，我们还看到了它还有 3 根输入控制线。同前面的 74HC148 类似，我们同样需要 74HC138 的功能表，才能进行 74HC138 的应用电路设计。74HC138 的功能见表 3-2。

表 3-2 74HC138 功能表

功能表		
输入		输出
片选	三位编码	
CS1 CS2 CS3	A2 A1 A0	Y7 Y6 Y5 Y4 Y3 Y2 Y1 Y0
X X 1	X X X	1 1 1 1 1 1 1 1
X 1 X	X X X	1 1 1 1 1 1 1 1
0 X X	X X X	1 1 1 1 1 1 1 1
1 0 0	0 0 0	1 1 1 1 1 1 1 0
1 0 0	0 0 1	1 1 1 1 1 1 0 1
1 0 0	0 1 0	1 1 1 1 1 0 1 1
1 0 0	0 1 1	1 1 1 1 0 1 1 1
1 0 0	1 0 0	1 1 1 0 1 1 1 1
1 0 0	1 0 1	1 1 0 1 1 1 1 1
1 0 0	1 1 0	1 0 1 1 1 1 1 1
1 0 0	1 1 1	0 1 1 1 1 1 1 1

从 74HC138 的引脚排列图和 74HC138 的功能表可知，当它的第 5 引脚上的片选端 CS3 为 1 电平时，就禁止译码；当第 4 脚上的片选端 CS2 为 1 电平时，也禁止译码；当第 6 脚上的片选信号 CS1 为 0 电平时，同样是禁止译码。只有当 CS1 为 1 电平并且 CS2、CS3 都为低电平时，译码器才工作。译码输出为低电平有效，也就是，1 电平代表输出无效，0 电平才为有效输出。

3.2.2 74HC138 实训电路图和实训电路板

为了更准确、更直观地反映输入编码信号、输出译码信号的逻辑电平，我们就在各编码输入端加上可取 1 电平或 0 电平的拔码开关，并用 LED 元件作为电平指示，在各译码输出端也用 LED 元件作为输出电平指示。这样，就可利用输入输出的电平指示，全面完成功能表的电路验证。74HC138 的功能验证电路如图 3-6 所示。

把图 3-6 所示电路中的所有元件全部焊接安装在一块 9cm×7.5cm 的万用电路板上。图 3-7 为实训电路板的元件定位图，图 3-8 为实训电路板的焊接布线图。

在元件定位图中，4 位拨码开关只用了 3 位，74HC138 第 4、5、6 引脚上的 3 个对地短路开关，每个都用 2 插针座加短接帽替代，短接帽套上为对地短路。从左到右依次是第 4 脚、第 5 脚、第 6 脚上的对地短接开关。

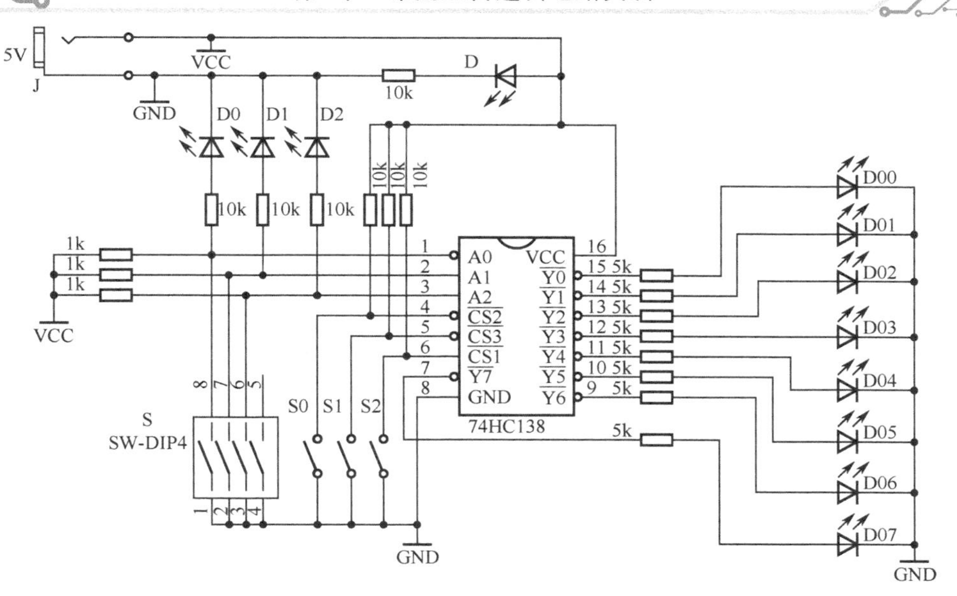

图 3-6　74HC138 实训电路图

图 3-7　74HC138 实训电路板元件定位图

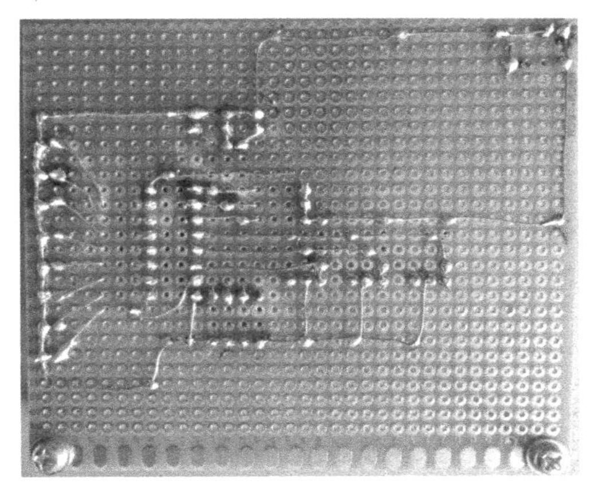

图 3-8　74HC138 实训电路板焊接布线图

3.2.3 74HC138 译码功能的验证步骤

74HC138 译码功能的验证步骤如下。

（1）给验证电路板通上 5V 工作电源，发光二极管 D 点亮，通电有效。

（2）依照 74HC138 的功能表中的行顺序，一行接一行，按照功能表中给出的各输入值，用拨码开关及短接帽完成相应设定后，观察三位编码线上发光二极管的电平指示，与低电平有效（即熄为有效，亮为无效）的 8 个输出信号上的指示电平，这两者都应与功能表上的电平值数据一一对应。

3.3 74HC157 数据选择器实训

数据选择器又称数据开关，即从多路输入中任选一路输出，它只能传送数字信号，不宜传送模拟信号。常见的产品有：8 选 1 开关 74HC151，双 4 选 1 开关 74HC153，四 2 选 1 开关 74HC157。

3.3.1 74HC157 的引脚排列图和功能表

图 3-9 是 74HC157 的引脚排列图。由图可知，它有四组 2 选 1 开关，每个开关有两路输入引脚（A、B），一路输出引脚（Y）。第 15 引脚上的 OE 端，是 74HC157 芯片的最高控制端，该端加 1 电平，则禁止选择工作，四个开关都被强制输出 0 电平；该控制端加 0 电平，才进行选择工作。这四个数据开关都接受选择控制引脚 B/A 的控制，当 B/A 为 0 电平时，四个开关都选择 A 路信号从输出端 Y 输出，当 B/A 为 1 电平时，四个开关都选择 B 路信号从输出端 Y 输出。它的总体功能可用它的功能表来描述，74HC157 的功能表见表 3-3。

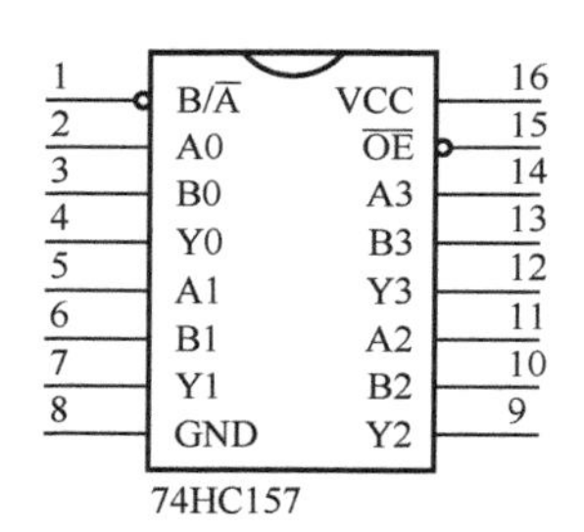

图 3-9 74HC157 引脚排列图

表 3-3 74HC157 功能表

74HC157 功能表		
OE	B/A	Y0 Y1 Y2 Y3
1	X	0 0 0 0
0	0	A0 A1 A2 A3
0	1	B0 B1 B2 B3
注：X=无关，即 X 为 1 电平 0 电平都无影响。A0~A3、B0~B3 分别为对应输入引脚的电平		

3.3.2　74HC157 实训电路图和实训电路板

在本书中，各数字芯片功能验证电路的设计思路都基本相同，都是在各输入端加上可取 1 电平或 0 电平的拔码开关，并用 LED 元件作为电平指示，在各输出端也用 LED 元件作为输出电平指示。这样，就可利用输入输出的电平指示，分析和掌握该数字电路芯片的基本功能和使用技术。74HC157 的功能验证电路如图 3-10 所示。

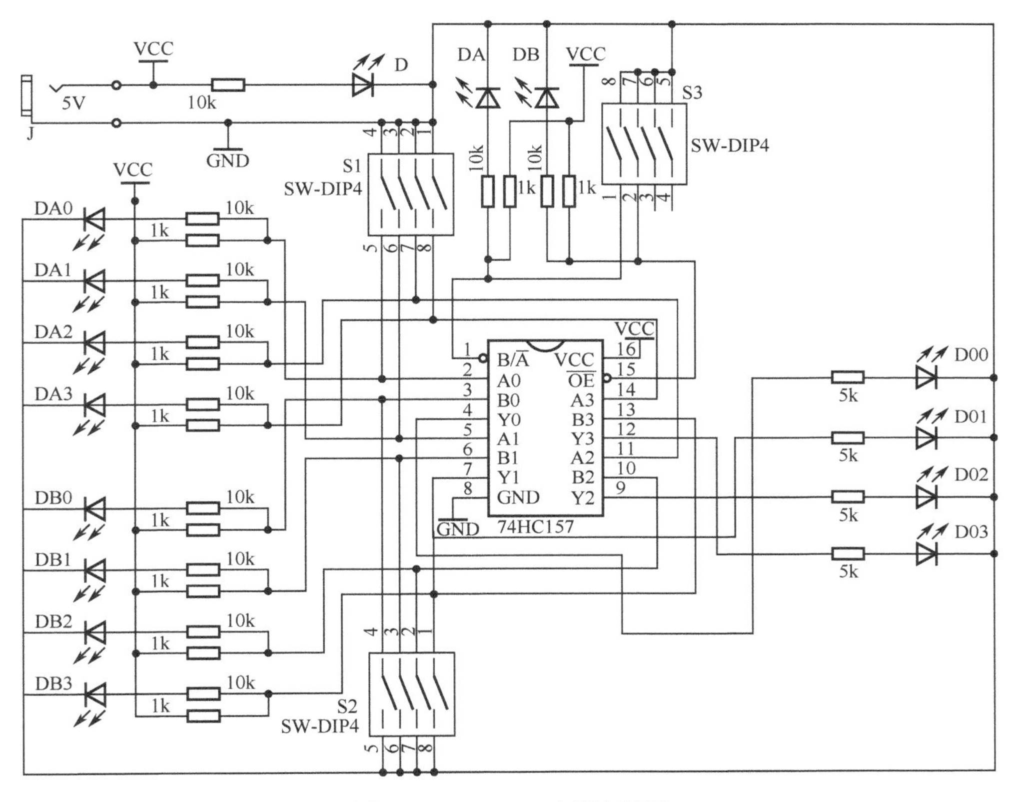

图 3-10　74HC157 实训电路图

把图 3-10 所示电路中的所有元件全部焊接安装在一块 9cm×7.5cm 的万用电路板上。图 3-11 为实训电路板的元件定位图，图 3-12 为实训电路板的焊接布线图。

在图 3-11 所示实训电路板元件定位图中，左边上面一列的 4 个发光二极管从上至下依次是 74HC157 第 2、5、11、14 引脚（即 A 组信号）的电平指示，这 A 组的 4 个引脚上的电平由上面的 4 位拨码开关来设定；左边下面一列的 4 个发光二极管从上至下依次是 74HC157 第 3、6、10、13 引脚（即 B 组信号）的电平指示，B 组的 4 个引脚上的电平由下面 4 位拨码开关来设定。右边一列的 4 个发光二极管从上至下依次是 74HC157 第 4、7、9、12 引脚的电平指示。上面的 4 位拨码开关与 2 位拨码开关之间的两个发光二极管，分别是数据选择端和使能端的电平指示，由 2 位拨码开关来设定。

图 3-11　74HC157 实训电路板元件定位图

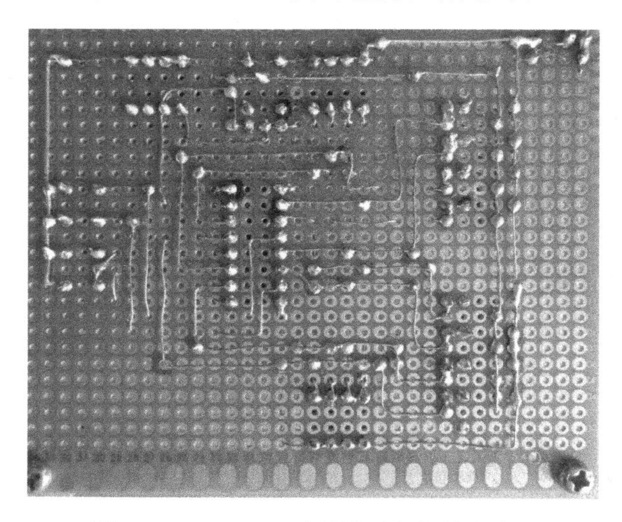

图 3-12　74HC157 实训电路板焊接布线图

3.3.3　74HC157 数据选择功能的验证步骤

74HC157 数据选择功能的验证步骤如下。

（1）给验证电路板通上 5V 工作电源，发光二极管 D 点亮，通电有效。

（2）利用上面的 4 位拨码开关，将上面的 4 个发光二极管从上至下设定为“熄亮熄亮”，利用下面的 4 位拨码开关，将下面的 4 个发光二极管从上至下设定为“亮熄亮熄”，将 74HC157 第 15 引脚（即使能端）的电平设为 1 电平（两个发光二极管的右边那个亮），此时右边的 4 个发光二极全熄。借此，再验证数据选择端在此时的无关性，即将数据选择端的电平设为 1 电平还是设为 0 电平，右边的 4 个发光二极管都是全熄。

（3）保持上面所设定的 A、B 两组数据不变，并将 74HC157 第 15 引脚（即使能端）的电平设定为 0 电平，再将 74HC157 第 1 引脚（即数据选择端）的电平设定为 0 电平，此时，右边 4 个发光二极管的亮熄状态与上面的那列发光二极管亮熄状态一致。

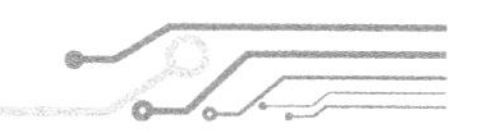

（4）继续保持上面所设定的 A、B 两组数据不变，继续将 74HC157 第 15 引脚（即使能端）的电平设定为 0 电平，将 74HC157 第 1 引脚（即数据选择端）的电平设定为 1 电平，此时，右边 4 个发光二极管的亮熄状态与下面的那列发光二极管亮熄状态一致。

3.4　74HC85 数值比较器实训

3.4.1　74HC85 的引脚排列图和功能表

数值比较器也称大小比较器，它能比较输出两个数字的相等、大于或小于结果。74HC85 的引脚排列图如图 3-13 所示。它的功能表见表 3-4。

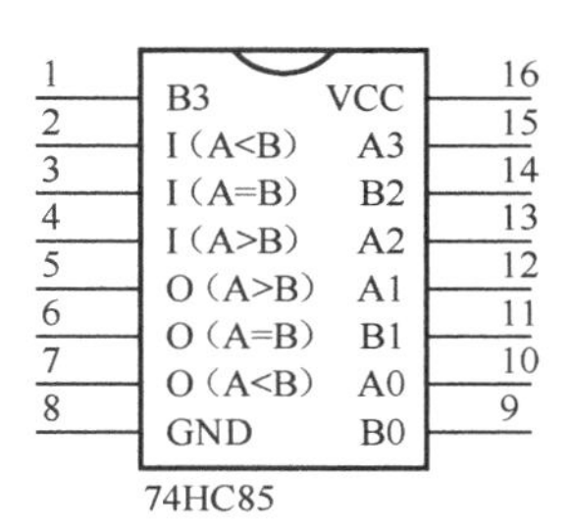

图 3-13　74HC85 引脚排列图

表 3-4　74HC85 功能表

数据字输入				级联输入			比较输出		
A3 B3	A2 B2	A1 B1	A0 B0	I（A>B)	I（A=B）	I（A<B）	O（A>B）	O（A=B）	O（A<B）
A3>B3	X	X	X	X	X	X	1	0	0
A3<B3	X	X	X	X	X	X	0	0	1
A3=B3	A2>B2	X	X	X	X	X	1	0	0
A3=B3	A2<B2	X	X	X	X	X	0	0	1
A3=B3	A2=B2	A1>B1	X	X	X	X	1	0	0
A3=B3	A2=B2	A1<B1	X	X	X	X	0	0	1
A3=B3	A2=B2	A1=B1	A0>B0	X	X	X	1	0	0
A3=B3	A2=B2	A1=B1	A0<B0	X	X	X	0	0	1
A3=B3	A2=B2	A1=B1	A0=B0	0	0	0	1	0	1
A3=B3	A2=B2	A1=B1	A0=B0	0	0	1	0	0	1
A3=B3	A2=B2	A1=B1	A0=B0	1	0	0	1	0	0
A3=B3	A2=B2	A1=B1	A0=B0	1	0	1	0	0	0
A3=B3	A2=B2	A1=B1	A0=B0	X	1	X	0	1	0

（注：X=无关）

74HC85 引脚使用说明如下。

1. 输入端

A3、A2、A1、A0（第 15、13、12、10 引脚）为数据字 A 输入端。把出现在这些输入端的数据与数据字 B 相比较，A3 是最高位，A0 是最低位。

B3、B2、B1、B0（第 1、14、11、9 引脚）为数据字 B 输入端。把出现在这些输入端的数据与数据字 A 相比较，B3 是最高位，B0 是最低位。

2. 控制端

I(A>B），I(A=B)，I(A<B)（第 4、3、2 引脚）为级联输入端。这些输入端只有在数据字 A 和数据字 B 相等时才决定输出端的状态。I（A=B）输入端胜过 I（A>B）和 I(A<B）这两个输入端。

对于单级工作或者级联工作最低级来说，I（A>B）和 I(A<B)这两个输入端应始终接地，I（A=B）输入端应接 VCC。在两个级联的比较器之间，应把 O(A>B)，O(A=B) 和 O(A<B)输出端分别接至下一级的 I(A>B），I(A=B)，I(A<B)。

3. 输出端

O(A>B)（第 5 引脚）为 A>B 输出端。当字 A 大于字 B 时，该输出端为 1 电平，而与级联输入端的数据无关。当字 A=字 B，I(A>B）输入为 1 电平，I(A=B)与 I(A<B)输入为 0 电平时，该输出端也为 1 电平。

O(A=B)（第 6 引脚）为 A=B 输出端。当字 A=字 B，I(A=B)输入端为 1 电平时，该输出端为 1 电平。当比较器处于该状态，以及 I(A=B)为 1 电平时，I(A<B)和 I(A>B）没有影响。

O(A<B)（第 7 引脚）为 A<B 输出端。当字 A<字 B，该输出端为 1 电平，而与级联输入端出现的数据无关，当字 A=字 B 和 I(A<B)输入端为 1 电平，I(A=B)与 I(A>B）为 0 电平时，该输出端也为 1 电平。

3.4.2 74HC85 实训电路图和实训电路板

根据上面的功能表和引脚使用说明，单级工作模式的验证电路如图 3-14 所示，这里，各控制输入端按上面所说的单级工作的接法处理，没有用发光二极管作为电平指示，而在数据字 A 和数据字 B 的各输入端都加上可取 1 电平或 0 电平的拔码开关，并用 LED 元件作为电平指示，在各输出端也用 LED 元件作为输出电平指示。这样，就可利用输入输出的电平指示，分析和掌握该数字比较器芯片的基本功能和使用技术。

把图 3-14 所示电路中的所有元件全部焊接安装在一块 9cm×7.5cm 的万用电路板上。图 3-15 为实训电路板的元件定位图，图 3-16 为实训电路板的焊接布线图。

在图 3-15 所示实训电路板的元件定位图中，上面那排的 4 个发光二极管，从左至右依次是 A 数据字 A3、A2、A1、A0 位的电平指示，其电平设定由上面那一个 4 位拨码开关完成，下面那排的 4 个发光二极管，从左至右依次是 B 数据字 B3、B2、B1、B0 位的电平指示，其电平设定由下面那一个 4 位拨码开关完成。在 74HC85 上方的三个发光二极管，从左至右依次

是 A<B，A=B，A>B 的比较结果显示。

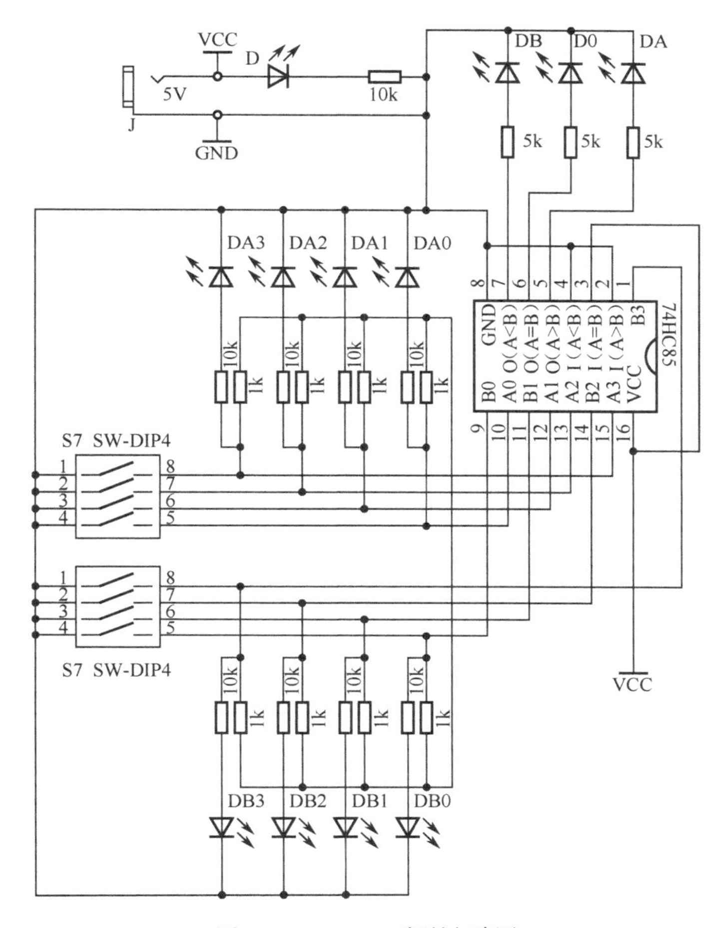

图 3-14　74HC85 实训电路图

图 3-15　74HC85 实训电路板元件定位图

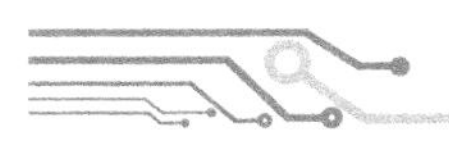

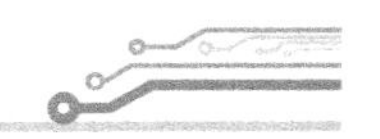

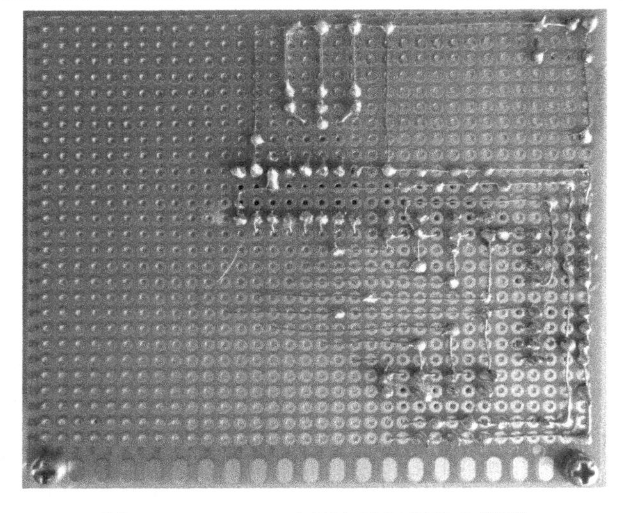

图 3-16　74HC85 实训电路板焊接布线图

3.4.3　74HC85 数据比较功能的验证步骤

74HC85 数据比较器的验证步骤如下。

（1）给验证电路板通上 5V 工作电源，发光二极管 D 点亮，通电有效。

（2）利用上面的 4 位拨码开关，将上面的 4 个发光二极管设定为“1010”，利用下面的 4 位拨码开关，将下面的 4 个发光二极管设定为“1011”，即设为 A<B，此时 74HC85 上方左边发光二极管发亮。

（3）利用上面的 4 位拨码开关，将上面的 4 个发光二极管设定为“1010”，利用下面的 4 位拨码开关，将下面的 4 个发光二极管设定为“1010”，即设为 A=B，此时 74HC85 上方中间发光二极管发亮。

（4）利用上面的 4 位拨码开关，将上面的 4 个发光二极管设定为“1011”，利用下面的 4 位拨码开关，将下面的 4 个发光二极管设定为“1010”，即设为 A>B，此时 74HC85 上方右边发光二极管发亮。

3.5　74LS283 全加器实训

数字电路中的加、减、乘、除运算都是在加法运算的基础上实现的，因此加法器是数字电路中最基本的运算单元。74LS283 是一种带内部超前进位的高速 4 位二进制全加器，这里我们只对它的加法及进位功能进行验证，其超前进位和高速性能不做考虑。

3.5.1　74LS283 的引脚排列图和加法示意图

74LS283 的引脚排列图如图 3-17 所示。74LS283 将两个 4 位字（A 和 B）相加，外加进位输入端（C0）。在和数输出端（S）出现二进制和数，而在进位输出端（C4）出现相应的进位结果。它的加法运算功能，可以用一个位对位的二进制加法竖式来表示，如图 3-18 所示。

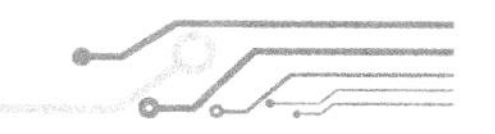

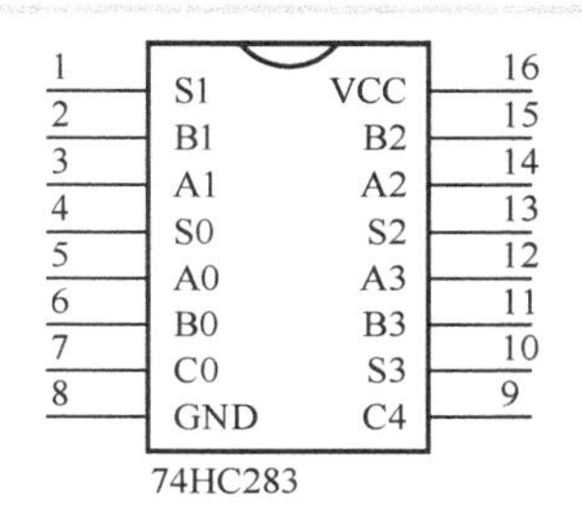

图 3-17 74HC283 引脚排列图

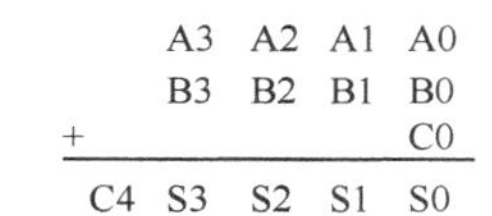

图 3-18 74HC283 加法示意图

3.5.2 74LS283 实训电路图和实训电路板

根据 74LS283 的引脚排列图和它的加法示意图，我们可以设计出它的功能验证图，如图 3-19 所示。

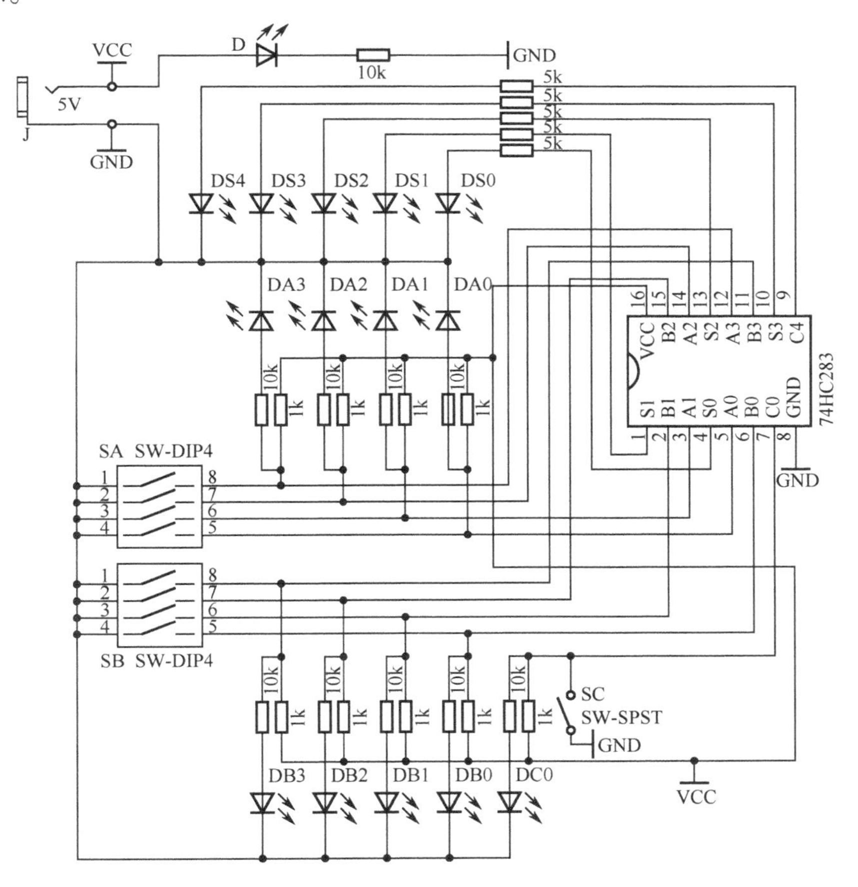

图 3-19 74HC283 实训电路图

由于 74LS283 没有控制输入端，因此只需要在数据字 A 和数据字 B 的各输入端都加上可取 1 电平或 0 电平的拔码开关，并用 LED 元件作为电平指示，进位输入端 C0 也做同样处理；在各输出端也使用 LED 元件作为输出电平指示。这样，就可利用输入输出的电平指示，验证全加器芯片 74LS283 的全加功能和使用要点。

把图 3-19 所示电路中的所有元件全部焊接安装在一块 9cm×7.5cm 的万用电路板上。图 3-20 为实训电路板的元件定位图，图 3-21 为实训电路板的焊接布线图。

图 3-20 74LS283 实训电路板元件定位图

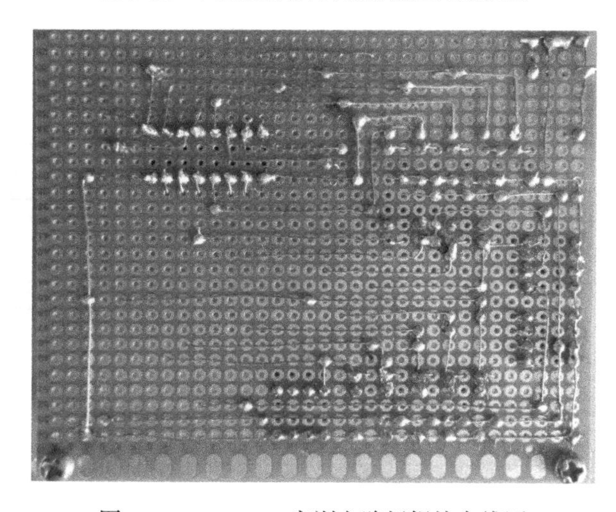

图 3-21 74LS283 实训电路板焊接布线图

在图 3-20 所示实训电路板的元件定位图中，上面的 5 个发光二极管，从左至右依次是进位输出端 C4，和数输出端 S3、S2、S1、S0 位的电平指示，即全加器的运算结果。中间的 4 个发光二极管，从左至右依次是 A 数据字 A3、A2、A1、A0 位的电平指示，其电平设定由上面的 4 位拨码开关完成；下面的 5 个发光二极管从左至右依次是 B 数据字 B3、B2、B1、B0 位和进位输入端 C0 的电平指示，其电平设定由下面 4 位拨码开关及左边的 2 位拨码开关（只用了一位）分别完成。

3.5.3 74LS283 全加功能的验证步骤

74LS283 全加功能的验证步骤如下。

（1）给验证电路板通上 5V 工作电源，发光二极管 D 点亮则通电有效。

（2）利用上面的 4 位拨码开关，将中间的 4 个发光二极管设定为“1010”，即数据字 A=1010；利用下面的 4 位拨码开关，将下面的前 4 个发光二极管设定为“0101”，即数据字 B=0101，用 2 位拨码开关，将下面最右位设为“0”，即进位输入端 C0=0，观察最上面的 5 个发光二极管的显示，应为“01111”，即进位输出端 C4=0，和数据字 S=1111。

（3）继续保持数据字 A=1010，数据字 B=0101，用 2 位拨码开关，将下面最右边的发光管设为“1”，即进位输入端 C0=1，观察最上面的 5 个发光二极管的显示，应为“10000”，即进位输出端 C4=1，和数据字 S=0000。

3.6　74LS248 显示译码器实训

3.6.1　七段数码管简介

在数字电路应用系统中，经常要将处理结果用十进制数显示出来，这就需要使用如图 3-22 所示的七段数码管。七段数码管中的每一个线段都用一个发光二极管照亮。七段数码管分为共阴极型和共阳极型，图 3-23 为共阴极型的内部结构图，图 3-24 所示为共阳极型的内部结构图，由两图可知，共阴极型数码管用高电平驱动，而共阳极型用低电平驱动。顺便说明，大多数数码管上都附带了一个小数点，小数点也专门用了一只发光二极管来点亮。这个小数点用 dp 符号表示。

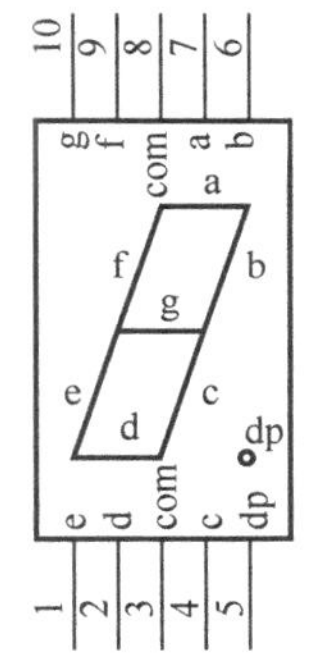

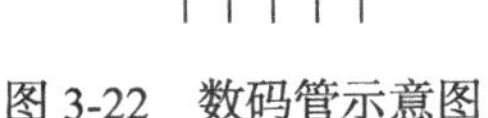
图 3-22　数码管示意图

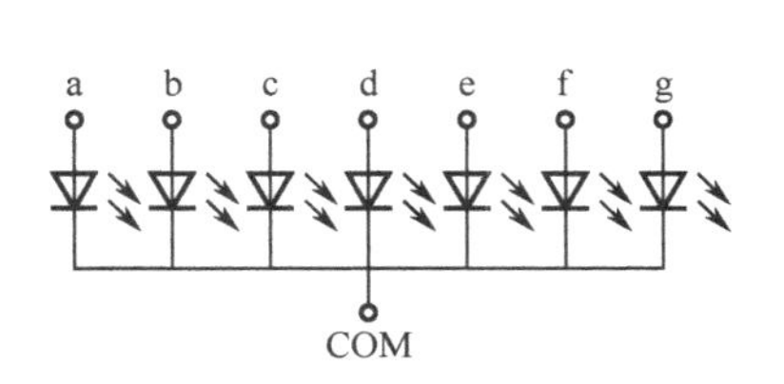

图 3-23　共阴数码管示意图

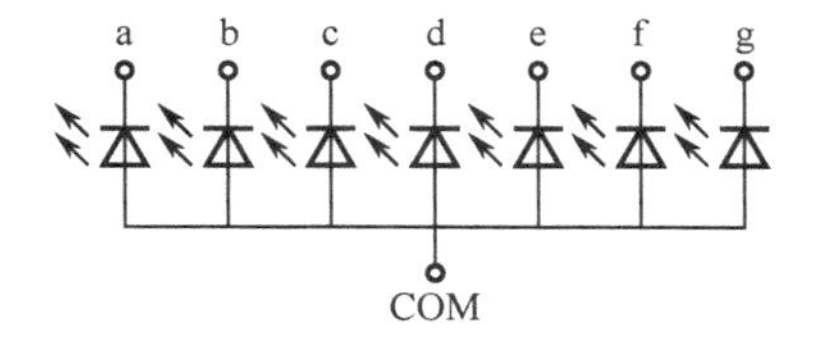

图 3-24　共阳数码管示意图

3.6.2　74LS248 的引脚排列图和功能表

图 3-25 是 74LS248 的引脚排列图。表 3-5 是 74LS248 的功能表。

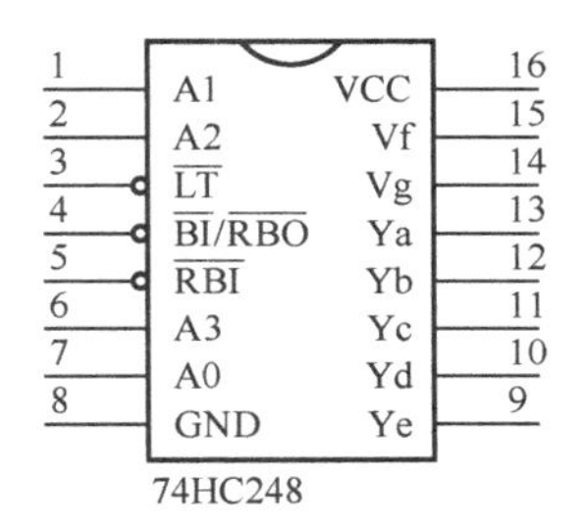

图 3-25　74LS248 引脚排列图

表 3-5　74LS248 功能表

输入				输出	显示字形
$\overline{LT}$	$\overline{RBI}$	A3 A2 A1 A0	$\overline{BI}/\overline{RBO}$	Ya Yb Yc Yd Ye Yf Yg	
X	X	X X X X	0/	0 0 0 0 0 0 0	灭灯
1	0	0 0 0 0	/0	0 0 0 0 0 0 0	灭 0
0	X	X X X X	/1	1 1 1 1 1 1 1	测灯 8
1	1	0 0 0 0	/1	1 1 1 1 1 1 0	0
1	X	0 0 0 1	/1	0 1 1 0 0 0 0	1
1	X	0 0 1 0	/1	1 1 0 1 1 0 1	2
1	X	0 0 1 1	/1	1 1 1 1 0 0 1	3
1	X	0 1 0 0	/1	0 1 1 0 0 1 1	4
1	X	0 1 0 1	/1	1 0 1 1 0 1 1	5
1	X	0 1 1 0	/1	1 0 1 1 1 1 1	6
1	X	0 1 1 1	/1	1 1 1 0 0 0 0	7
1	X	1 0 0 0	/1	1 1 1 1 1 1 1	8
1	X	1 0 0 1	/1	1 1 1 1 0 1 1	9

从引脚排列图和功能表可以看出，基本输入是加在 A3、A2、A1、A0 上的 8421BCD 码，译码输出 Ya~Yg 用来驱动数码管的相应线段，从而显示相应十进制数码。为了提高数码管显示的可控性，74LS248 设置了三个输入控制端：$\overline{LT}$、$\overline{RBI}$、$\overline{BI}/\overline{RBO}$。其功能简介如下。

（1）$\overline{LT}$ 端为灯测试输入端，用来检查 LED 数码管的七段笔画能否正常工作。只要 $\overline{LT}$=0，就使 Ya ~ Yg 端全都输出 1 电平，从而将数码管的七个线段全部点亮，以此测试数码管显示是否正常。

（2）$\overline{RBI}$ 端为灭零输入端，$\overline{RBI}$=0 时，它就将数码管所显示的“0”予以熄灭，而数码管在显示 1~9 时则无影响。

（3）$\overline{BI}/\overline{RBO}$ 端为灭灯输入端/灭零输出端，即灭灯输入与灭零输出共用一个引脚。它既是灭灯输入端，用来接收信号，又是灭灯输出端，用来输出信号。但在同一时间内，只能作为输入或作为输出。下面就分两种情况来使用。

① 作为输入端使用。

当 $\overline{BI}/\overline{RBO}$ 接 0 电平时，不论 $\overline{LT}$ 端、$\overline{RBI}$ 端、A3、A2、A1、A0 这 6 只引脚为何种电平，七段数码管的各段全部熄灭；当 $\overline{BI}/\overline{RBO}$ 接 1 电平时，不影响正常显示。

② 作为输出端使用。

当 $\overline{LT}$=1，$\overline{RBI}$=0 且 A3A2A1A0=0000 时，$\overline{BI}/\overline{RBO}$ 端输出 0 电平信号。

3.6.3　74LS248 实训电路图和实训电路板

由于 74LS248 为高电平驱动显示译码芯片，所以要使用共阴极数码管，其具体型号可选 D120561SR，在 BCD 码的各输入端都加上可取 1 电平或 0 电平的拔码开关，并用 LED 元件作

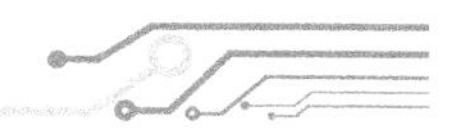

为电平指示。为了尽可能全面验证 74LS248 的各种功能，对 74LS248 的三个控制端都要加拨动开关来设置 0 电平或 1 电平，再加上 74LS248 第 4 脚是双功能（输入/输出），因此要另用 4 只开关。

把图 3-26 所示电路中的所有元件全部焊接安装在一块 9cm×7.5cm 的万用电路板上。图 3-27 为实训电路板的元件定位图，图 3-28 为实训电路板的焊接布线图。

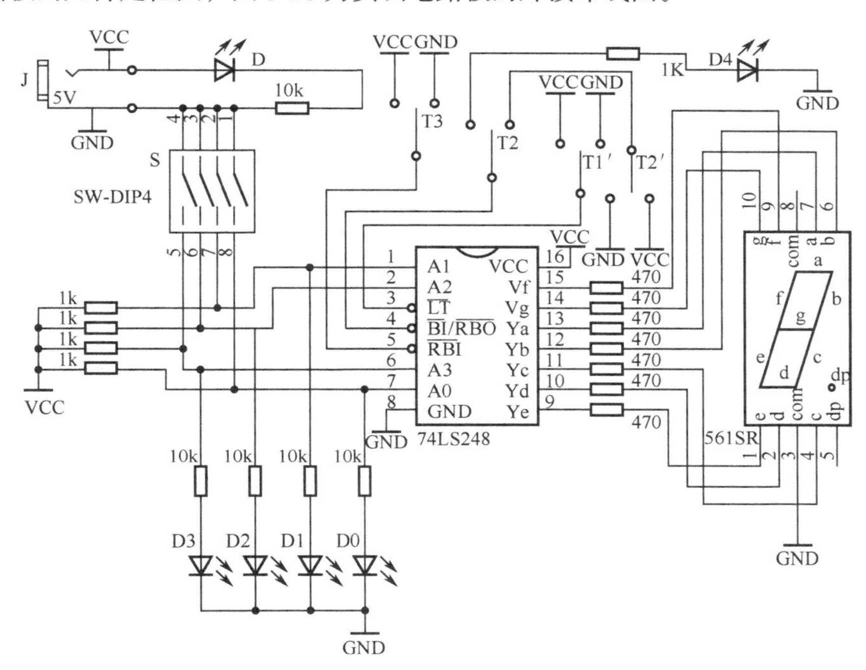

图 3-26　74LS248 实训电路图

图 3-27　74LS248 实训电路板元件定位图

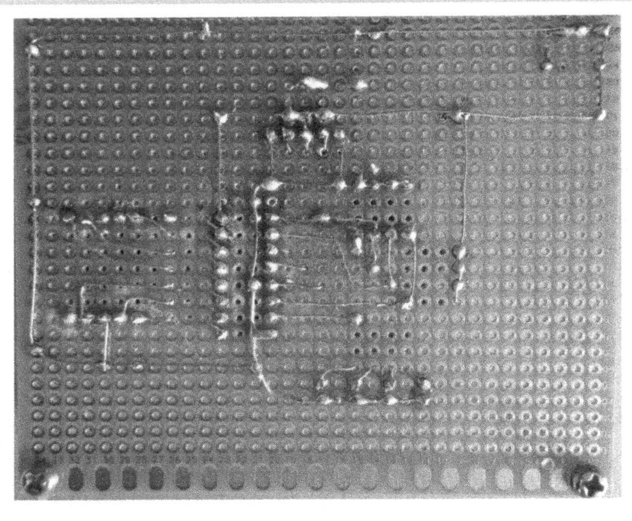

图 3-28 74LS248 实训电路板焊接布线图

在图 3-27 所示的实训电路板中，用插针座和导通帽来构成“选择开关”，为使用方便，数码管没有直接焊在电路板上，用 IC 插座来接入电路板。

3.6.4 74LS248 功能验证步骤

74LS248 功能验证步骤如下。

（1）给验证电路板通上 5V 工作电源，发光二极管 D 点亮则通电有效。

（2）验证测灯功能。

① 将第 4 引脚接 1 电平（或悬空）。

② 将第 3 引脚接 0 电平。

此时，无论 A3、A2、A1、A0 为何值，数码管的七段笔画全亮。

（3）验证灭灯功能。

将第 4 引脚接 0 电平（地）。

此时，无论第 3、5、1、2、6、7 这 6 只引脚取何值，数码管全熄。

（4）验证灭零功能。

① 将第 3 脚接 1 电平。

② 将第 5 脚接 0 电平。

③ 将发光二极管 D4 与第 4 脚接通。

④ 用拨码开关将输入的 BCD 码设为 1001，观察数码管（显“9”）和发光二极管 D4（亮）。

⑤ 用拨码开关将输入的 BCD 码设为 0010，观察数码管（显“2”）和发光二极管 D4（亮）。

⑥ 用拨码开关将输入的 BCD 码设为 0001，观察数码管（显“1”）和发光二极管 D4（亮）。

⑦ 用拨码开关将输入的 BCD 码设为 0000，观察数码管（熄）和发光二极管 D4（熄）。

⑧ 保持 BCD 码为 0000 不动，将第 5 脚改接 1 电平，观察数码管（显“0”）和发光二极管 D4（亮）。

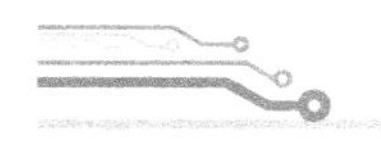
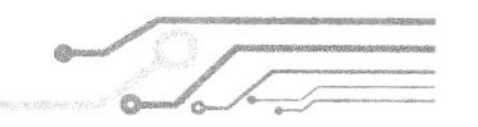

3.7　CD4511 显示译码器实训

3.7.1　CD4511 的引脚排列图和功能表

CD4511 也是一款 LED 数码管用译码驱动芯片。它的引脚排列如图 3-29 所示。表 3-6 是它的功能表。

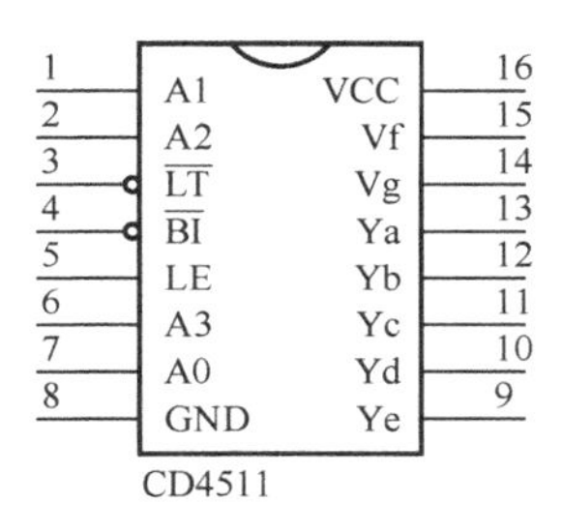

图 3-29　CD4511 引脚排列图

表 3-6　CD4511 功能表

输入							输出							
LE	BI	LT	A3	A2	A1	A0	Ya	Yb	Yc	Yd	Ye	Yf	Yg	显示
X	X	0	X	X	X	X	1	1	1	1	1	1	1	8
X	0	1	X	X	X	X	0	0	0	0	0	0	0	消隐
0	1	1	0	0	0	0	1	1	1	1	1	1	0	0
0	1	1	0	0	0	1	0	1	1	0	0	0	0	1
0	1	1	0	0	1	0	1	1	0	1	1	0	1	2
0	1	1	0	0	1	1	1	1	1	1	0	0	1	3
0	1	1	0	1	0	0	0	1	1	0	0	1	1	4
0	1	1	0	1	0	1	1	0	1	1	0	1	1	5
0	1	1	0	1	1	0	1	0	1	1	1	1	1	6
0	1	1	0	1	1	1	1	1	1	0	0	0	0	7
0	1	1	1	0	0	0	1	1	1	1	1	1	1	8
0	1	1	1	0	0	1	1	1	1	1	0	1	1	9
0	1	1	1	0	1	0	0	0	0	0	0	0	0	消隐
0	1	1	1	0	1	1	0	0	0	0	0	0	0	消隐
0	1	1	1	1	0	0	0	0	0	0	0	0	0	消隐
0	1	1	1	1	0	1	0	0	0	0	0	0	0	消隐

续表

输入				输出	
LE	BI	LT	A3 A2 A1 A0	Ya Yb Yc Yd Ye Yf Yg	显示
0	1	1	1 1 1 0	0 0 0 0 0 0 0	消隐
0	1	1	1 1 1 1	0 0 0 0 0 0 0	消隐
1	1	1	X X X X	*	*

表 3-6 中，X=无关，*=当 LE 处于逻辑 0 电平时，取决于先前所用的 BCD 码。

引脚说明如下。

1. 输入端

A3、A2、A1、A0（第 6、2、1、7 脚）为 BCD 输入，A3 为最高位，A0 为最低位。这些输入端的十六进制码 A~F 将使输出端呈现逻辑低电平，从而使显示器消隐。

2. 输出端

Ya、Yb、Yc、Yd、Ye、Yf、Yg（第 13、12、11、10、9、15、14 引脚）为经译码缓冲的 7 段显示驱动输出。

3. 控制输入端

BI（引脚 4）为低电平有效显示器消隐输入。在这输入端的逻辑低电平将使全部输出端保持在逻辑低电平，从而使该显示器消隐。

LT（引脚 3）为低电平有效灯测试。在这输入端的逻辑低电平使全部输出端呈现逻辑高电平。该输入端可使用户只用一个控制输入端测试数码管的所有 7 段显示。该输入端与其他所有的输入端无关。

LE（引脚 5）为锁存允许输入端。该输入端控制 4 位穿透型锁存器。该输入端的逻辑高电平使 A3、A2、A1、A0 输入端呈现的代码锁存起来，该输入端的逻辑低电平使 A3、A2、A1、A0 输入端呈现的代码通过锁存器传输到译码器。

3.7.2 CD4511 实训电路图和实训电路板

由 CD4511 的引脚排列图和功能表可知，它和 74LS248 的引脚排列相同，控制特性相近，区别主要在于，CD4511 没有灭零功能，而有锁存功能，74LS248 有很好的灭零功能，但没有锁存功能。CD4511 的功能验证电路如图 3-30 所示。

从图 3-30 所示的电路可知，它与 74LS248 的功能验证电路几乎完全一样，只是少了一个灭零输出电平指示二极管，因此可借用 74LS248 的功能验证电路板，来验证 CD4511 的全部功能。从 74LS248 的功能验证电路板上将 74LS248 拔下来，换插上 CD4511，就可以验证 CD4511 的全部功能，如图 3-31 所示。

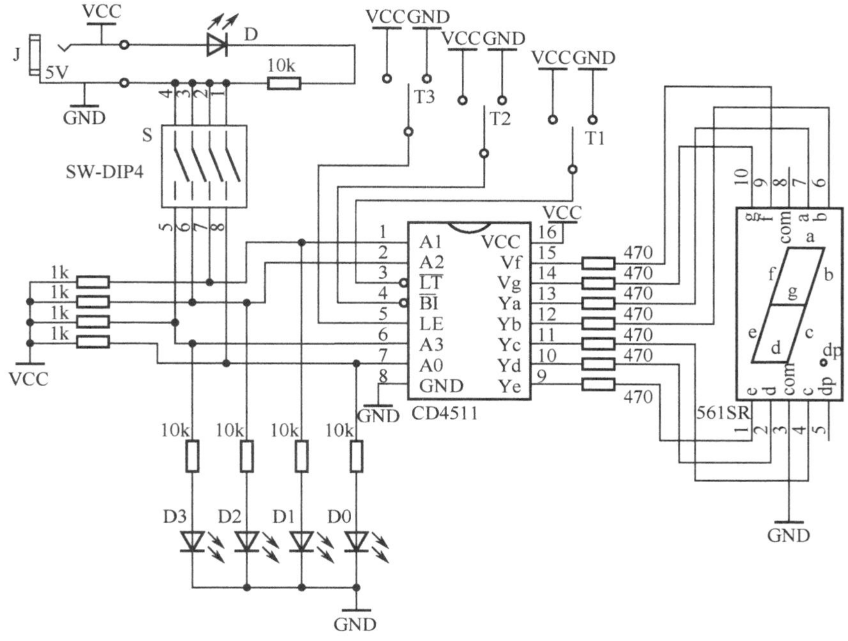

图 3-30 CD4511 实训电路图

图 3-31 CD4511 实训电路板

3.7.3 CD4511 功能验证步骤

CD4511 功能验证步骤如下。

（1）给验证电路板通上 5V 工作电源，发光二极管 D 点亮则通电有效。

（2）验证测灯功能。

① 将第 4 引脚接 1 电平（或悬空）。

② 将 LT 端（第 3 引脚）接 0 电平。

此时，无论 BI、LE、A3、A2、A1、A0 为何值，数码管的七段笔画全亮。

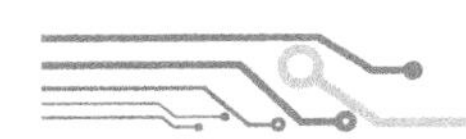

（3）验证灭灯功能。

① 将 BI 端（第 4 引脚）接 0 电平（地）。

② 将 LT 端（第 3 引脚）接 1 电平。

此时，无论 LE、A3、A2、A1、A0 为何值，数码管全熄。

（4）验证 BCD 码显示功能。

① 将 LT 端（第 3 脚）接 1 电平。

② 将 BI 端（第 4 脚）接 1 电平。

③ 将 LE 端（第 5 脚）接 0 电平。

④ 用拨码开关将输入的 BCD 码设为 0001，观察数码管（显“1”）。

⑤ 用拨码开关将输入的 BCD 码设为 1001，观察数码管（显“9”）。

⑥ 用拨码开关将输入的 BCD 码设为 1010，观察数码管（消隐）。

⑦ 用拨码开关将输入的 BCD 码设为 1011，观察数码管（消隐）。

（5）验证 CD4511 的锁存功能。

① 将 LT 端（第 3 脚）接 1 电平。

② 将 BI 端（第 4 脚）接 1 电平。

③ 将 LE 端（第 5 脚）接 0 电平。

④ 用拨码开关将输入的 BCD 码设为 0001，观察数码管（显“1”）。

⑤ 将 LE 端（第 5 脚）接 1 电平，观察数码管（BCD 码没变，当然显“1”）。

⑥ 用拨码开关将输入的 BCD 码设为 0011，观察数码管（BCD 码已变，仍显“1”）。

⑦ 用拨码开关将输入的 BCD 码设为 1001，观察数码管（BCD 码又变，仍显“1”）。

这就是 CD4511 的显示锁存功能。

小　结　3

（1）组合逻辑电路的特点：电路在任一时刻的输出仅取决于该时刻的输入，而与电路在此刻以前的状态无关。组合逻辑电路简称组合电路。

（2）组合逻辑电路的种类：编码器、译码器、数据选择器、加法器、数据比较器和奇偶校验器（本书中没有安排奇偶校验器实训）。

（3）编码器可分为普通编码器和优先编码器，译码器中有译码分离器和显示译码器。

习　题　3

1. 编码就是对一组信息中的每一信息赋予一个______________，不能同时出现两个以上输入信号的编码器称为__________________，允许多个信号同时输入，但只对优先级最高者编码的是________ 编码器。

2. 译码器的作用与编码器的作用相反，它是把______________翻译成相对应的 2^n 个信号。

3. 数据选择器又称________________，即从多路数字信号输入中___________输出。

4. 数值比较器也称___________，它能比较输出两个数字的_____、_____或______结果。

5. 74LS283 有_____个输入端，分别是________输入端和_________输入端及_________输入端；另有______个输出端。

6. LED 数码管内部由 7 只发光二极管组成，按公共电极的连接方法可分为_________型和型，用低电平驱动的为___________型，用高电平驱动的为___________型。

7. 74LS248 名为________译码器，是把_____________译成_____________________。

8. 把 74LS248 和 CD4511 从使用功能上比较，二者中有灭零功能的是______________，有锁存功能的是______________，显示数码“6”时 a 笔画不亮的是_________________。

第 4 章 常用时序逻辑电路实训

4.1 74HC279 RS 触发器实训

4.1.1 74HC279 的引脚排列图和功能表

RS 触发器的逻辑功能是，将触发器的输出端 Q 置 1、置 0 和保持。数字电路中可通过它来控制某部分电路在两种工作状态之间的切换。74HC279 的引脚排列图如图 4-1 所示，它的功能表见表 4-1。

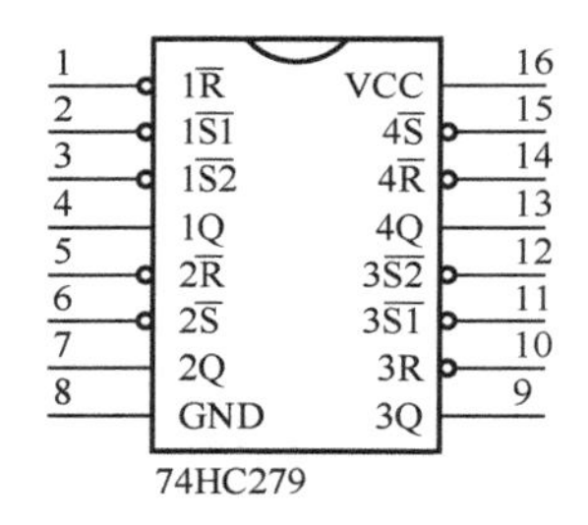

图 4-1 74HC279 引脚排列图

表 4-1 74HC279 功能表

$\overline{R}$	$\overline{S}$	Q	逻辑功能
0	1	0	置“0”
1	0	1	置“1”
1	1	原态	保持
0	0	不定	非法

4.1.2 74HC279 的实训电路图和实训电路板

74HC279 由 4 个 RS 触发器组成，我们只需要对其中一个进行电路验证。由于 RS 触发器的置 1 和置 0 是一种“触发”性的工作，一“点”即可，因此就可在其输入端只接微动开关，不用接电平指示的发光二极管。输出端则用发光二极管作为其电平指示，当被置 1 时，发光二极管亮，当被置 0 时，发光二极管熄。74HC279 的功能验证电路如图 4-2 所示。

把图 4-2 所示电路中的所有元件全部焊接安装在一块 9cm × 7.5cm 的万用电路板上。图 4-3 为实训电路板的元件定位图，图 4-3 中左边的无锁开关为置 0 开关，右边的无锁开关为置 1 开关，74HC279 芯片右方的 LED 为输出电平指示。图 4-4 为实训电路板的焊接布线图。

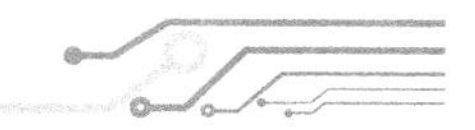

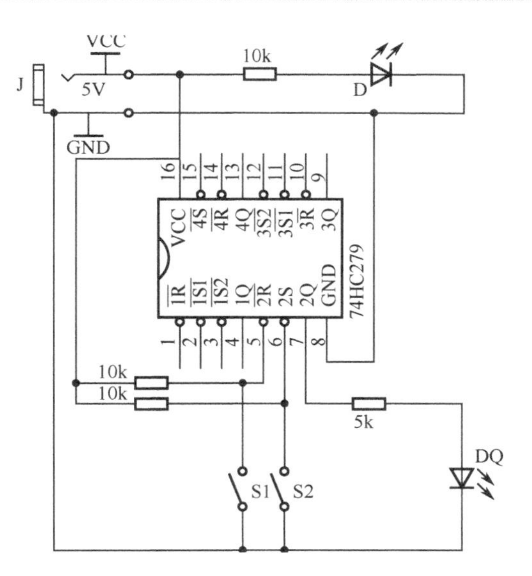

图 4-2　74HC279 实训电路图

图 4-3　74HC279 实训电路板元件定位图

图 4-4　74HC279 实训电路板焊接布线图

4.1.3 74HC279 RS 触发器功能验证步骤

RS 触发器 74HC279 的功能验证步骤如下。

（1）给验证电路板通上 5V 工作电源，发光二极管 D 点亮则通电有效。

（2）按一下置 0 开关，输出指示发光二极管熄或保持熄。

（3）按一下置 1 开关，输出指示发光二极管亮。

（4）再按一下置 1 开关，输出指示发光二极管保持亮。

（5）按一下置 0 开关，输出指示发光二极管熄。

（6）再按一下置 0 开关，输出指示发光二极管保持熄。

4.2 74HC74 D 触发器实训

4.2.1 74HC74 的引脚排列图和功能表

74HC74 是带置位和复位端的双 D 触发器。RD 是 D 触发器的复位端（置 0 端），低电平有效；SD 是 D 触发器的置位端（置 1 端），低电平有效；D 是触发器的数据输入端；CP 是触发器的时钟输入端。数据输入端 D 上的数据在下一个时钟输入的上升沿时被传输到触发器的 Q 输出端。每个触发器均设有 Q 和 $\overline{Q}$ 输出端，并以 Q 的值作为触发器的值。正常工作时，Q 和 $\overline{Q}$ 的值总是相反的，因此，使用更方便。图 4-5 是 74HC74 的引脚排列图，表 4-2 是 74HC74 的功能表。

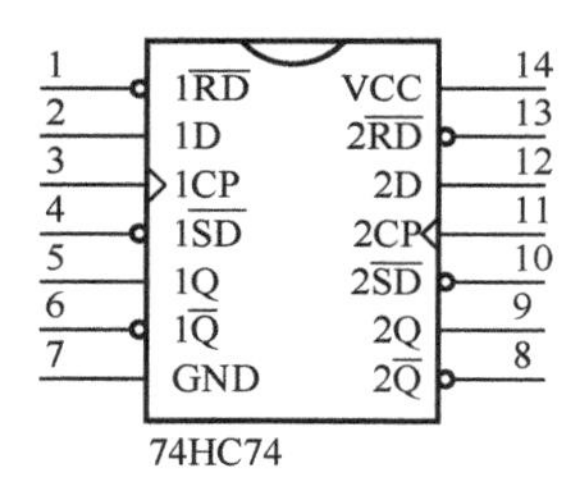

图 4-5 74HC74 的引脚排列图

表 4-2 74HC74 功能表

输入				输出
SD	RD	CP	D	Q $\overline{Q}$
0	1	X	X	1 0
1	0	X	X	0 1
0	0	X	X	1* 1*
1	1	↑	1	1 0
1	1	↑	0	0 1

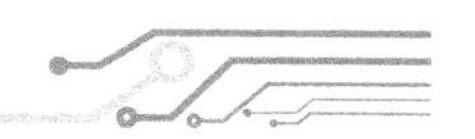

续表

输入				输出
1	1	0	X	不变
1	1	1	X	不变
1	1	↓	X	不变

需要说明，从功能表可知，只要置位端和复位端处于低电平，两个输出端 Q、$\overline{Q}$ 均保持为高电平。但是，若置位端和复位端同时变为高电平，则输出状态不可预知。

4.2.2　74HC74 实训电路图和实训电路板

根据 74HC74 的功能表和引脚排列图，验证电路设计主要是把所有输入端均加上开关来设定 1 电平和 0 电平，并用发光二极管作为电平指示。由于置位和复位开关对抖动无须考虑，因此这两个输入端未加电平指示发光二极管。对互反的两个输出端，也各用一个发光二极管作为其电平指示。74HC74 的功能验证电路如图 4-6 所示。

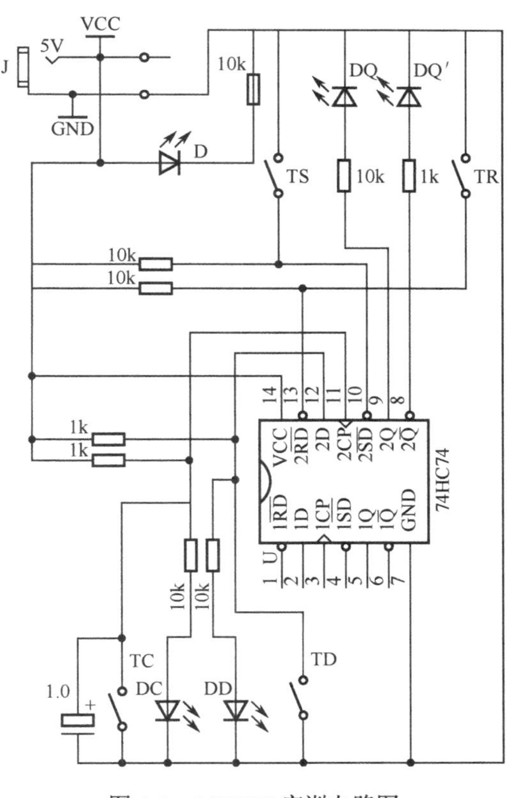

图 4-6　74HC74 实训电路图

把如图 4-6 所示电路中的所有元件全部焊接安装在一块 9cm × 7.5cm 的万用电路板上。图 4-7 为实训电路板的元件定位图，图 4-8 为实训电路板的焊接布线图。

图 4-7　74HC74 实训电路板元件定位图

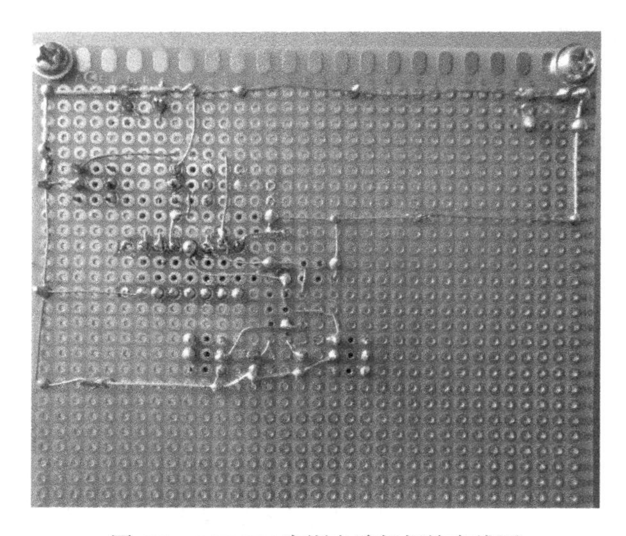

图 4-8　74HC74 实训电路板焊接布线图

在如图 4-7 所示的实训电路板中，74HC74 芯片上方左边的无锁开关为置 1（置位）开关，右边的无锁开关为置 0（复位）开关，右上方左边发光二极管为触发器 Q 输出端的电平指示，右边发光二极管为 $\overline{Q}$ 输出端的电平指示。74HC74 下方左边的带锁开关用来设定时钟 CP 的电平，下方右边的带锁开关用来设定 D 数据的电平。这两个输入端均加有显示其电平的发光二极管。下方左边的那个发光二极管用来指示 CP 电平，右边的那个发光二极管用来指示数据端 D 的电平。

4.2.3　74HC74 D 触发器功能验证步骤

D 触发器 74HC74 的功能验证步骤如下。

（1）给验证电路板通上 5V 工作电源，发光二极管 D 点亮则通电有效。

（2）按下再释放置 0 开关，两个输出指示发光二极管呈“左熄右亮”（0 态）。

（3）按下再释放置 1 开关，两个输出指示发光二极管呈“左亮右熄”（1 态）。

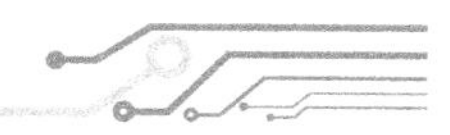

（4）按下再释放置 0 开关，两个输出指示发光二极管呈“左熄右亮”（0 态）。

（5）释放 D 数据端开关，其电平指示发光二极管点亮（1 态）。

压下 CP 端带锁开关，CP 指示发光二极管由亮变熄（↓）。

观察两个输出指示发光二极管，保持“左熄右亮”（0 态）。

释放 CP 端带锁开关，CP 指示发光二极管从熄变亮（↑），同时注意观察两个输出指示发光二极管，翻转为“左亮右熄”（1 态）。

（6）压下 D 数据端开关，其电平指示发光二极管熄灭（0 态）。

压下 CP 端带锁开关，CP 指示发光二极管由亮变熄（↓）。

观察两个输出指示发光二极管，保持“左亮右熄”（1 态）。

释放 CP 端带锁开关，CP 指示发光二极管从熄变亮（↑），同时注意观察两个输出指示发光二极管，翻转为“左熄右亮”（0 态）。

（7）再按一下置 0 开关，输出指示发光二极管保持熄。

4.3　74HC109 JK 触发器实训

4.3.1　74HC109 的引脚排列图和功能表

74HC109 是一款带置位和复位端的双 J-K 触发器。它的引脚排列图如图 4-9 所示 。它的功能表见表 4-3。

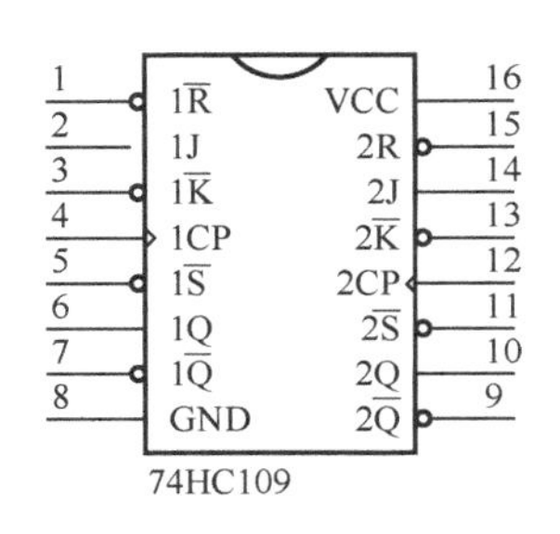

图 4-9　74HC109 引脚排列图

表 4-3　74HC109 功能表

输入					输出	
S	R	CP	J	K	Q	$\overline{Q}$
0	1	X	X	X	1	0
1	0	X	X	X	0	1
0	0	X	X	X	1*	1*
1	1	↑	0	0	0	1
1	1	↑	1	0	翻转	
1	1	↑	0	1	保持	
1	1	↑	1	1	1	0
1	1	0	X	X	无变化	

从功能表可知，只要置位端和复位端为低电平，输出端均保持高电平，但如果置位端和复位端同时升为高电平则输出状态无法预定。

4.3.2　74HC109 实训电路图和实训电路板

根据 74HC109 的功能表和引脚排列图，验证电路设计主要是把所有输入端均加上开关来设定 1 电平和 0 电平，并用发光二极管作为电平指示。由于置位和复位开关对抖动无须考虑，因此这两个输入端未加电平指示发光二极管。对互反的两个输出端，也各用一个发光二极管作为其电平指示。74HC109 的功能验证电路如图 4-10 所示。

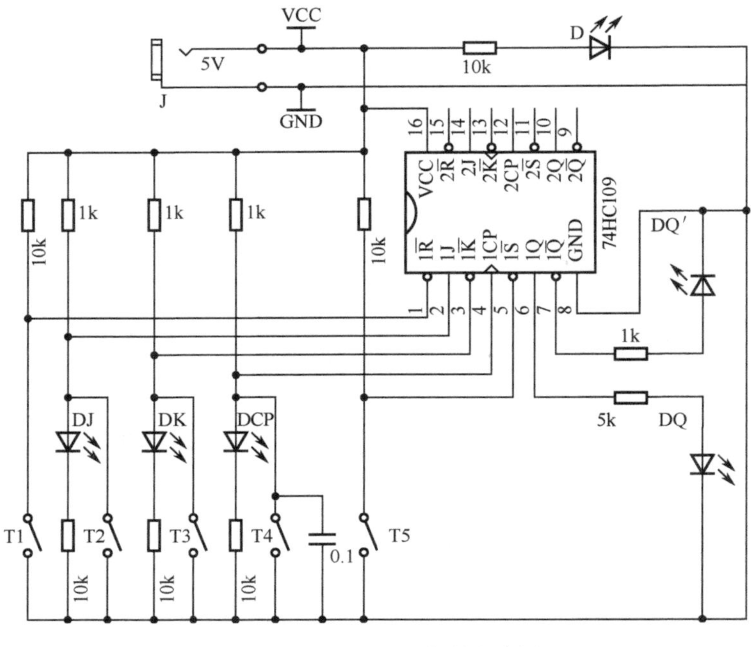

图 4-10　74HC109 实训电路图

把图 4-10 所示电路中的所有元件全部焊接安装在一块 9cm × 7.5cm 的万用电路板上。图 4-11 为实训电路板的元件定位图，图 4-12 为实训电路板的焊接布线图。

图 4-11　74HC109 实训电路板元件定位图

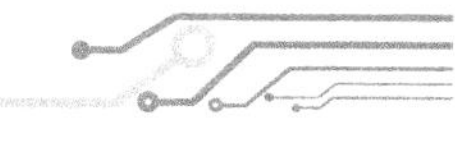

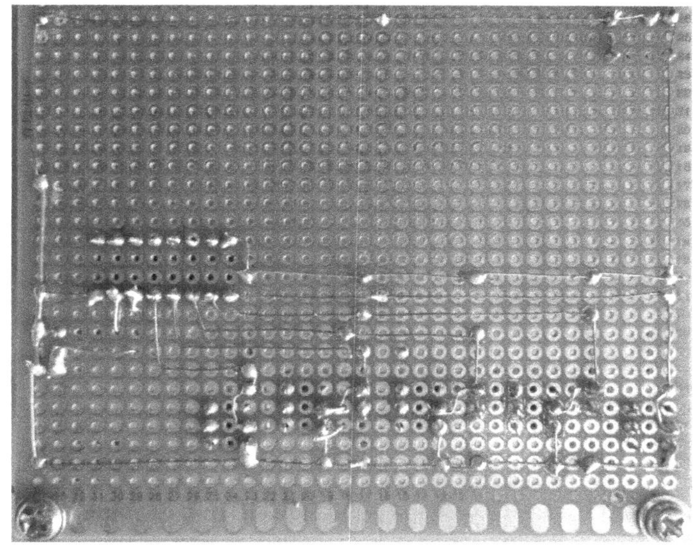

图 4-12　74HC109 实训电路板焊接布线图

在图 4-11 所示的实训电路板元件定位图中，最左边的按钮开关（无锁）为复位（置 0）开关，最右边的按钮开关（无锁）为置位（置 1）开关，左起第 2 个开关（带锁）为 J 输入端电平设置开关，左起第 3 个开关（带锁）为 K 输入端电平设置开关，左起第 4 个开关（带锁）为 CP 输入端电平设置开关，这 3 个开关左边的发光二极管，分别是其输入端的电平指示。

4.3.3　74HC109 JK 触发器功能验证步骤

JK 触发器 74HC109 的功能验证步骤如下。

（1）给验证电路板通上 5V 工作电源，发光二极管 D 点亮则通电有效。

（2）验证复位功能。

按下再释放置 0 开关，两个输出指示发光二极管呈“上亮下熄”（0 态）。

（3）验证置位功能。

按下再释放置 1 开关，两个输出指示发光二极管呈“上熄下亮”（1 态）。

（4）验证 JK 组合的置/0 功能。

压下左起第 2 个开关，J=0（灯熄），压下左起第 3 个开关，K=0（灯熄），压下左起第 4 个开关，CP=0（灯熄，↓），两个输出指示发光二极管保持“上熄下亮”（1 态），释放左起第 4 个开关，CP=1（灯亮，↑），两个输出指示发光二极管翻转为“上亮下熄”（0 态）。

（5）验证 JK 组合的翻转功能。

释放左起第 2 个开关，J=1（灯亮），保持左起第 3 个开关原来的压下状态，即将 K=0（灯熄），压下左起第 4 个开关后（灯熄）再释放（灯亮），两个输出指示发光二极管亮熄翻转，又压下左起第 4 个开关后（灯熄）再释放（灯亮），两个输出指示发光二极管亮熄又翻转；注意，在此 J（1）K（0）组合状态下，左起第 4 个开关压下且释放一次，输出指示翻转一次。

（6）验证 JK 组合的保持功能。

压下左起第 2 个开关，J=0（灯熄），释放左起第 3 个开关，K=1（灯亮），按第（2）步所述，将触发器复位，然后多次压下并释放左起第 4 个开关，可以看到每一次触发器状态都不变（都是 0 态）；又按第（3）步所述，将触发器置位，然后多次压下并释放左起第 4 个开关，可以看到每一次触发器状态都不变（都是 1 态）。

（7）验证 JK 组合的置 1 功能。

释放左起第 2 个开关、第 3 个开关，即 J=1（灯亮），K=1（灯亮），按第（2）步所述，将触发器复位（成 0 态），压下并释放左起第 4 个开关，触发器翻转为 1 态；按第（3）步所述，将触发器置位（1 态），压下并释放左起第 4 个开关，触发器保持 1 态。

4.4　74HC123 单稳态触发器实训

单稳态触发器的特点是有一个稳态和一个暂稳态。在外加脉冲触发下，电路由稳态翻转到暂稳态，一定时间后自动返回到稳态。其暂稳态时间（称为脉宽）与外加触发脉冲无关，仅取决于单稳态电路本身的参数。

4.4.1　74HC123 的引脚排列图和功能表

74HC123 共含两个可重触发单稳态触发器。每个触发器都具有一个低电平有效的异步复位端，以及上升沿和下降沿触发的两个输入端，其中之一可作为允许端。该器件还可使用复位端来触发。它的引脚排列图如图 4-13 所示，其功能见表 4-4。

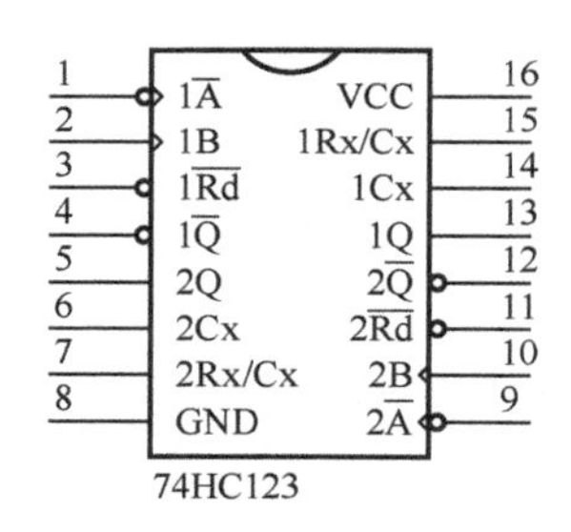

图 4-13　74HC123 的引脚排列图

表 4-4　74HC123 功能表

输入			输出	
A	B	Rd	Q	$\overline{Q}$
X	X	0	0	1
1	X	1	0	1
X	0	1	0	1
0	↑	1	⊓	⊔
↓	1	1	⊓	⊔
0	1	↑	⊓	⊔

4.4.2　74HC123 实训电路图和实训电路板

根据 74HC123 的功能表和引脚排列图，验证电路设计主要是把所有输入端均加上开关来设定 1 电平和 0 电平，并用发光二极管作为输入端的电平指示。输出电平和脉宽也用一只发光二极管来指示。脉宽定时电阻串接了一个 1M 电位器。74HC123 实训电路如图 4-14 所示。

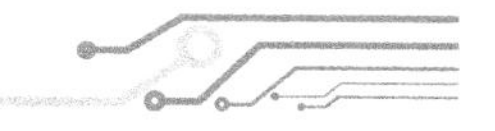

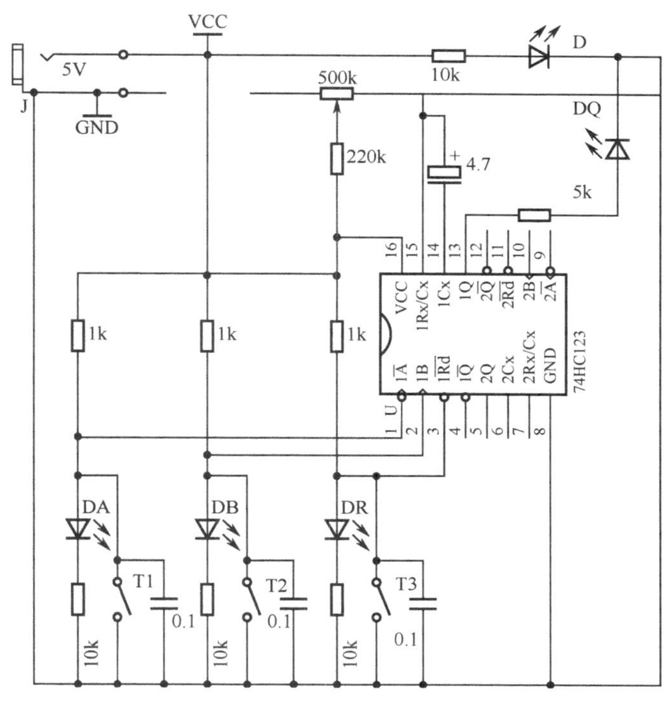

图 4-14　74HC123 实训电路图

把图 4-14 所示电路中的所有元件全部焊接安装在一块 9cm × 7.5cm 的万用电路板上。图 4-15 为实训电路板的元件定位图，图 4-16 为实训电路板的焊接布线图。

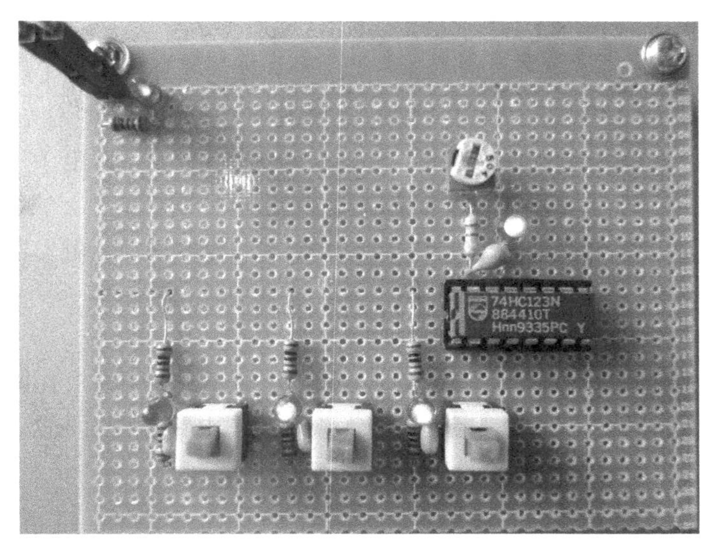

图 4-15　74HC123 实训电路板元件定位图

在图 4-15 所示实训电路板元件定位图中，三个按键开关从左至右分别是 A 输入端（第 1 脚）、B 输入端（第 2 脚）、Rd（第 3 脚）输入端上的电平设置开关。这三个开关左边的发光二极管分别是这三个输入端的电平指示。74HC123 上方的小型电位器和发光二极管分别用来调节和显示暂稳态的时间。

图 4-16　74HC123 实训电路板焊接布线图

4.4.3　74HC123 单稳态触发器功能验证步骤

单稳态触发器 74HC123 的功能验证步骤如下。

（1）给验证电路板通上 5V 工作电源，发光二极管 D 点亮则通电有效。

（2）将变阻器的阻值调到最大，以利于验证观察。

（3）验证 B 输入端的上升沿（↑）触发功能。

压下 A 输入端的开关，A=0（灯熄），松开 Rd 输入端的开关，Rd=1（灯亮），将 B 输入端开关压下后（B=0，灯熄）再松开（B=1，灯亮），触发器 Q 输出端上的发光二极管转亮一定时间后自动转熄；又将 B 输入端上的开关压下，即 B 为 1 转 0，是下降沿（↓），单稳态触发器保持稳态（0 态），再松开 B 端开关，即 B 为 0 转 1，形成上升沿（↑），触发器被触发，触发器转为暂态（1 态），触发器 Q 输出端上的灯亮，保持一定时间后，触发器自动转为稳态（0 态），触发器 Q 输出端上的灯熄。

（4）验证 A 输入端的下降沿（↓）触发功能。

松开 B 输入端上的开关，B=1（灯 B 亮），松开 Rd 输入端的开关，Rd=1（灯 Rd 亮），此状态下，每松开后再压下 1 次 A 输入端上的开关，单稳态电路被触发一次，其 Q 输出端上的灯转亮，一定时间后自动熄灭。

（5）验证 Rd 输入的上升沿（↑）触发功能。

压下输入端 A 上的开关，A=0（灯 A 熄），松开 B 输入端的开关，B=1（灯 B 亮），此状态下，每压下后再松开 1 次 Rd 输入端上的开关，单稳态电路被触发一次，其 Q 输出端上的灯转亮，一定时间后自动熄灭。

（6）验证变阻器的脉宽调节功能。

任选上面 3 种触发方式中的一种，多次进行触发观察。每触发一次，就改变一次变阻器的

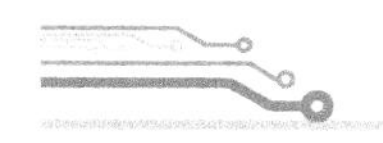

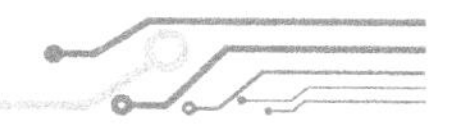

电阻值，观察单稳态电路的暂稳态脉宽的变化效果。

4.4.4　74HC123 与 74HC221 两单稳态电路间的差异验证

74HC221 具有与 74HC123 相同的引脚排列图和相同的功能表，因此 74HC123 的实训电路板也可用来验证 74HC221 的单稳态功能。74HC221 与 74HC123 间的差异在于，74HC221 是非重触发的，而 74HC123 是重触发的。重触发是指在暂稳态期间能接收新触发脉冲，重新开始暂稳态过程。非重触发是指在暂稳态期间不接收新触发脉冲，只能返回稳态后接收。

74HC123 重触发与 74HC221 非重触发差异验证过程如下。

（1）把单稳态触发器的脉宽调大。

（2）在 74HC123 通电验证时，不断按放触发开关，脉宽指示灯能长亮不熄。

（3）在 74HC221 通电验证时，同样不断按放触发开关，脉宽指示灯总有短暂一熄。

由此可见 74HC123 重触发与 74HC221 非重触发间的差异。

4.5　74HC573 D 锁存器实训

4.5.1　74HC573 的引脚排列图和功能表

8D 锁存器 74HC573 的引脚排列如图 4-17 所示，它的功能见表 4-5。

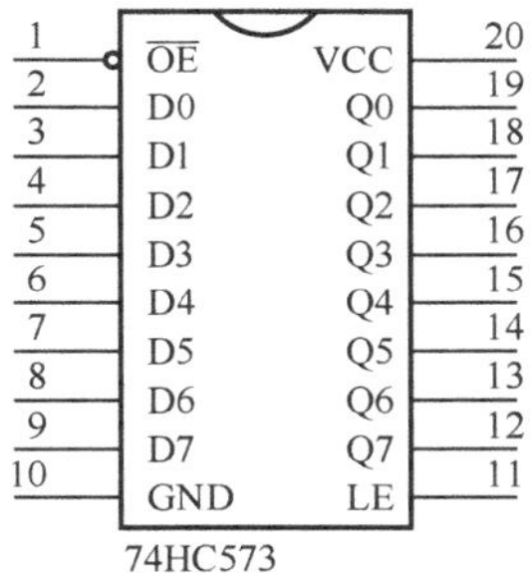

图 4-17　74HC573 的引脚排列图

表 4-5　74HC573 功能表

输入			输出
OE	LE	D	Q
0	1	0	0
0	1	1	1
0	0	X	不变
1	X	X	Z

74HC573 有两个控制输入端、 8 个数据输入端和 8 个数据输出端。OE 输入端称为输出允许端，低电平有效，LE 输入端称为锁存允许端，低电平有效。当 OE 为 0 电平、LE 为 1 电平时，8 个 Q 输出端上输出的是 8 个 D 输入端的对应数据；当 LE 变为 0 电平后，8 个 Q 输出端上的数据就被锁存下来，即不会因 8 个 D 输入端的信息变化而变化。当 OE 变为 1 电平时，全部输出端呈高阻抗状态，相当于各输出端从电路连接中断开。

4.5.2　74HC573 抢答锁存实训电路图和实训电路板

利用 74HC573 的数据锁存功能，可实现抢答器中最重要、最基本的抢答信号判定。在这个电路中，要使用一块 8 输入端的与非门电路 74HC30 和一块四组 2 输入端与非门电路 74HC00。

74HC30 的引脚排列如图 4-18 所示，其功能表达式为：$Y=\overline{ABCDEFGH}$。用 74HC573 实现的抢答判定电路如图 4-19 所示。

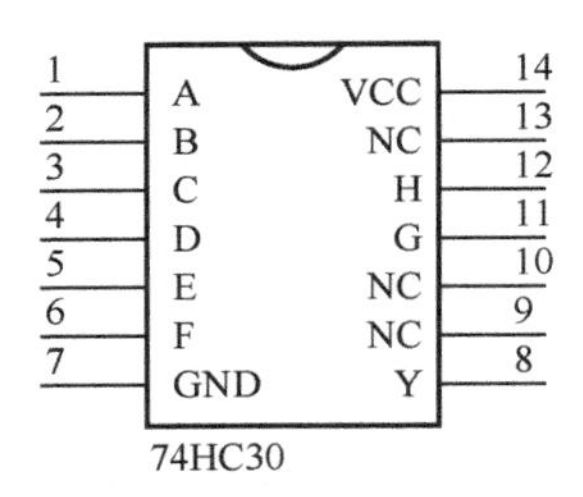

图 4-18　74HC30 引脚排列图

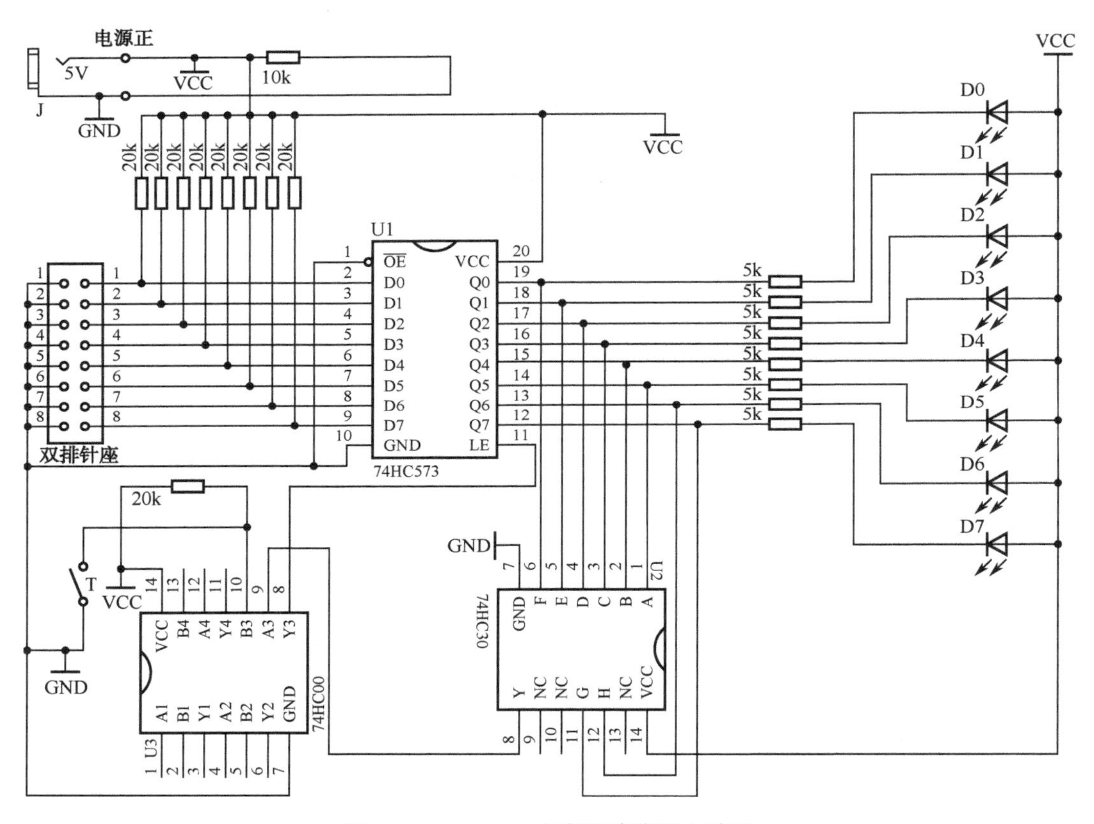

图 4-19　74HC573 抢答锁存实训电路图

在图 4-19 中，共使用了 3 块数字电路芯片。最核心的是 74HC573，另外两块分别是 74HC00 和 74HC30。74HC00 的功能前面章节中已做过介绍，这里只用了其一个门电路。74HC30 是一个 8 输入端与非门电路，它的引脚排列如图 4-18 所示，它的功能表达式为：$Y=\overline{ABCDEFGH}$。由此可知，只有 74HC30 的 8 个输入端全部输入 1 电平，输出才为 0 电平；只要 74HC30 的 8 个输入端中有一个为 0 电平，其输出就为 1 电平。选用 74HC30 的道理将会在第 7 章中详细说明。下面，简述这个抢答器的抢答判定功能。

首先闭合 T 开关后再释放，74HC00 与非门电路因这一输入端为 0 电平而在其输出端输出

1 电平，因这个与非门输出端接在 74HC573 的锁存允许端上，因此 74HC573 各 D 输入端数据直通各 Q 输出端。又因为抢答未曾出现时，各 D 输入端全是 1 电平，所以 8 个 Q 输出端全为 1 电平，于是 74HC30 因 8 个输入端全为 1 电平而输出 0 电平。这个 0 电平接在了与非门 74HC00 的一个输入端上，因此这个与非门就输出 1 电平，即各环节这时都保持了 74HC573 处于直通的工作状态，简言之，只要主持人按一下启动开关 T，74HC573 就入直通状态，以等候抢答，当然，启动开关按下后应迅速释放，释放后与非门 74HC00 的这一输入端变为 1 电平。

所谓抢答产生，是指 74HC573 的 8 个 D 输入端中有一个被抢答开关对地短路了一下，因此出现一个 0 电平输入端，于是由于 74HC573 因直通而在各 Q 输出端中出现了一个 0 电平，这样 74HC30 也因有了一个 0 电平而输出 1 电平，从而使得与非门 74HC00 的两个输入端都为 1 电平而输出 0 电平，就是这一 0 电平使得 74HC573 由直通转为锁存。锁存后，无论 74HC573 各 D 输入端再怎样变化，被锁存的 Q 输出状态都不改变。由于有一个 Q 输出端对应为 0 电平，因此相应位的发光二极管由熄变亮，即实现了抢答判定及其位序指示。

实际应用时，抢答器电路中 74HC00 输出端的控制电平除了控制 74HC573 的直通与锁存外，还应该用来启动抢答声响和计时电路，在本书的最后一章中，将会给予说明。

把图 4-19 所示电路中的所有元件全部焊接安装在一块 9cm × 7.5cm 的万用电路板上。图 4-20 为实训电路板的元件定位图，图 4-21 为实训电路板的焊接布线图。

图 4-20　74HC573 实训电路板元件定位图

说明。在图 4-20 所示实训电路板元件定位图中，左边的双列插针座（8 对），实际应用时，用来外接 8 个抢答开关，图中的按键开关（无锁），是主持人所用的抢答启动开关，右边的 8 个发光二极管作为抢答序号指示。

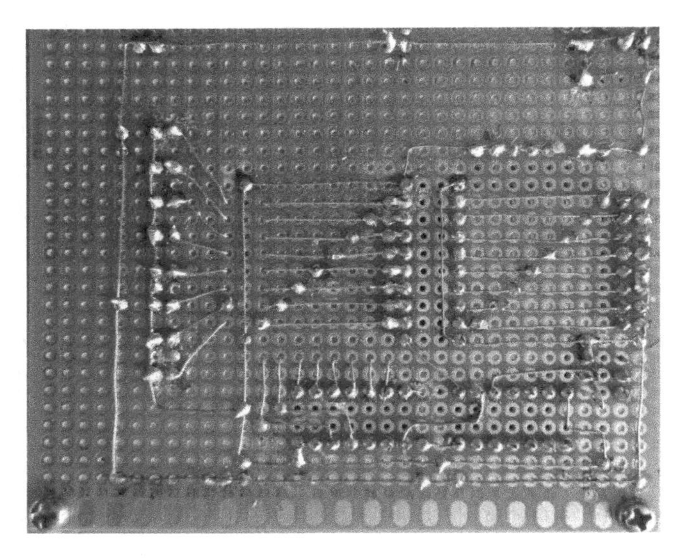

图 4-21　74HC573 实训电路板焊接布线图

4.5.3　74HC573 抢答锁存实训电路功能验证步骤

抢答器实训电路的功能验证步骤如下。

（1）给验证电路板通上 5V 工作电源，发光二极管 D 点亮则通电有效。

（2）压下后释放抢答启动开关。

（3）短接任一对开关插针电极，对应位的发光二极管点亮，再短接另一对电极，发光二极管状态不变，说明了“后抢”无效。

（4）多次重复第（2）、（3）两步操作，验证抢答功能。

4.5.4　数码显示的 8 路抢答器实训电路图和实训电路板

图 4-19 所示这一抢答器电路的抢答组号是用发光二极管位序显示来指示的，显示不够直观，可以改为用 LED 数码管来显示抢答组号，以提高实用性能。数码管显示的 8 路抢答器电路如图 4-22 所示。

由图 4-22 可见，这个电路主要是将图 4-19 中的 8 个位序显示的发光二极管及其限流电阻取消，增加了一块 74HC148 编码器芯片，一块 CD4511 显示译码器芯片，一只 LED 共阴数码管。增加的这三个元件的功能和应用方法在前面的章节中已有过介绍，这里不再重复。需要注意的是，对这个数码显示的抢答器有一个基本要求，就是抢答未出现时，数码管应熄灯，抢答产生时，应亮灯。这一基本要求的实现，是将 74HC30 输出端的抢答产生信号（1 电平有效）加接到 CD4511 的灭灯输入端（第 4 脚）来完成的。其控制机理是：启动抢答后至抢答产生前，74HC30 输出端的 0 电平使 CD4511 灭灯，抢答产生后，74HC30 输出端的 1 电平使 CD4511 亮灯。

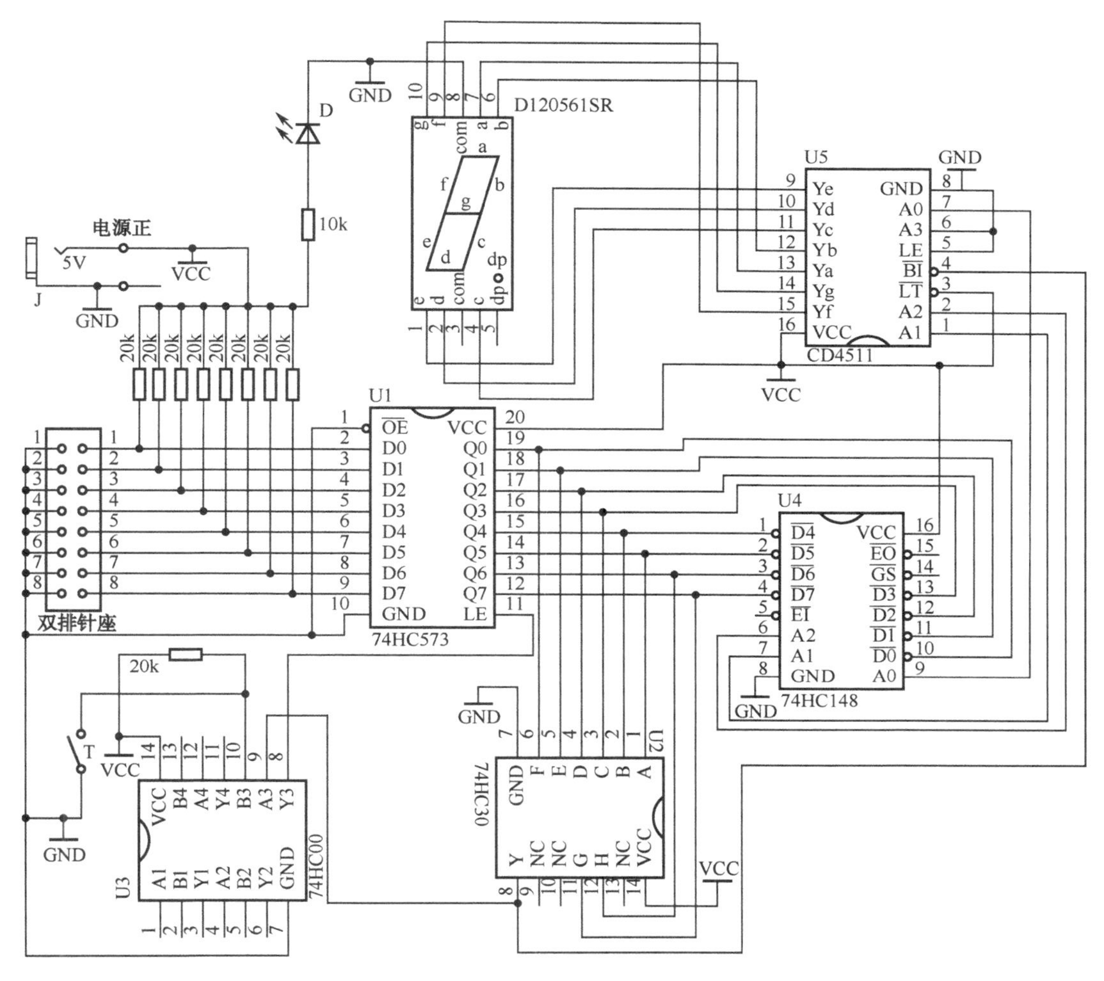

图 4-22 数码显示的 8 路抢答器实训电路图

把图 4-22 所示电路中的所有元件全部焊接安装在一块 9cm×7.5cm 的万用电路板上。图 4-23 为实训电路板的元件定位图，图 4-24 为实训电路板的焊接布线图。

图 4-23 8 路抢答器实训电路板元件定位图

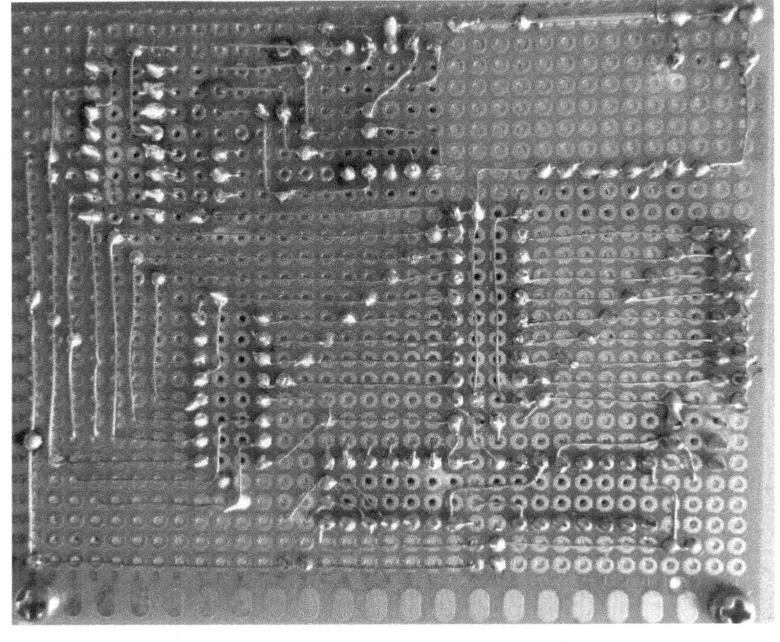

图 4-24　8 路抢答器实训电路板焊接布线图

4.5.5　数码显示的 8 路抢答器实训电路验证步骤

由于两个抢答器的抢答判定机制相同，只是抢答组号的显示形式不同，因此，验证方法和步骤相同，此略。需要说明的是，这里的组号显示是从 0 至 7，与人们通常使用的组号（1~8）起序不同。

4.6　CD4017 十进制计数分频器实训

4.6.1　CD4017 的引脚排列图和功能表及引脚说明

CD4017 的引脚排列如图 4-25 所示，它的功能表见表 4-6。

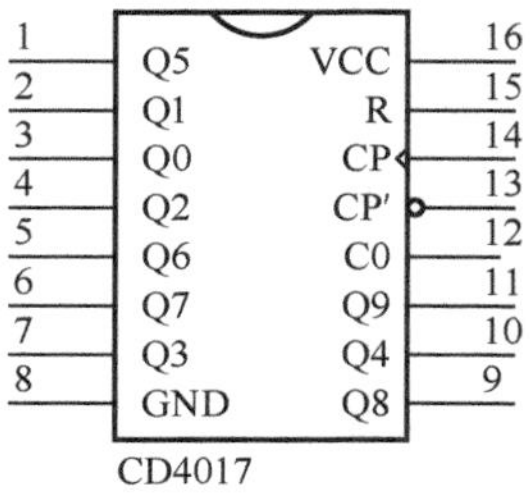

引脚	左侧	右侧	引脚
1	Q5	VCC	16
2	Q1	R	15
3	Q0	CP	14
4	Q2	CP′	13
5	Q6	C0	12
6	Q7	Q9	11
7	Q3	Q4	10
8	GND	Q8	9

CD4017

图 4-25　CD4017 的引脚排列图

表 4-6　CD4017 功能表

CP	CP′	R	输出状态
0	X	0	不变
X	1	0	不变
X	X	1	复位计数器：Q0=1，Q1~Q9=0
↑	0	0	前进至下一状态
↓	X	0	不变
X	↑	0	不变
1	↓	0	前进上一状态

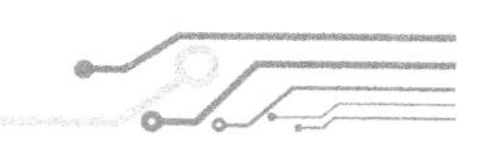

引脚说明如下。

1. 输入端

CP 端（第 14 脚）为计数器时钟输入端。在此输入端上从低电平至高电平的跳变可使计数器进入它的下一个状态。

R 端（第 15 引脚）为异步复位输入端。在此输入端的高电平使 Q0 和进位输出端 C0 为高电平，Q1~Q9 为低电平。

CP′端（第 13 引脚）为低电平有效时钟允许输入端。在此输入端为低电平时可使器件计数，在此输入端为高电平时禁止计数。该输入端还可用做下降沿时钟输入，并使用时钟（第 14 引脚）作为高电平有效允许端。

2. 输出端

Q0~Q9 端（第 3、2、4、7、10、1、5、6、9、11 引脚）为经译码的十进制计数器输出端。在每一个时钟周期，都只有一个 Q 输出端为高电平。

C0 端（第 12 引脚）为级联输出端。该输出端计数到 5 时变为低电平，而在计数器进至零或者复位时变为高电平。在计数器级联时，该输出端对下一级计数器的时钟输入端提供一个上升沿信号。

4.6.2　CD4017 实训电路图和实训电路板

关于 CD4017 的功能验证电路，应该这样考虑：

（1）把各 Q 输出端各用一个发光二极管作为输出指示；

（2）用非门电路 74HC04 构成一个周期可调的方波振荡器，其输出作为 CD4017 的计数时钟；

（3）时钟输入和时钟允许设计为可变形式，可验证上升沿计数和下降沿计数。

按这三点要求考虑的 CD4017 功能验证电路如图 4-26 所示。

图 4-26 中的两个双掷开关 T1、T2，用来实现两对时钟输入和时钟允许间的功效置换，相应实现上升沿计数与下降沿计数两种机制。该图中的发光二极管 DCP 被接在方波振荡器的输出端上，在振荡周期较长时，可用来反映振荡快慢及验证是上升沿触发和还是下降沿触发。

把图 4-26 所示电路中的所有元件全部焊接安装在一块 9cm × 7.5cm 的万用电路板上。图 4-27 为实训电路板的元件定位图，图 4-28 为实训电路板的焊接布线图。

在图 4-27 所示的实训电路板中，左边的 IC 芯片是 74HC04，右边的 IC 芯片是 CD4017。CD4017 上方的发光二极管用来指示时钟快慢与时钟相位。上方的插针电极和导通盖帽作为 T1、T2 两个开关使用。

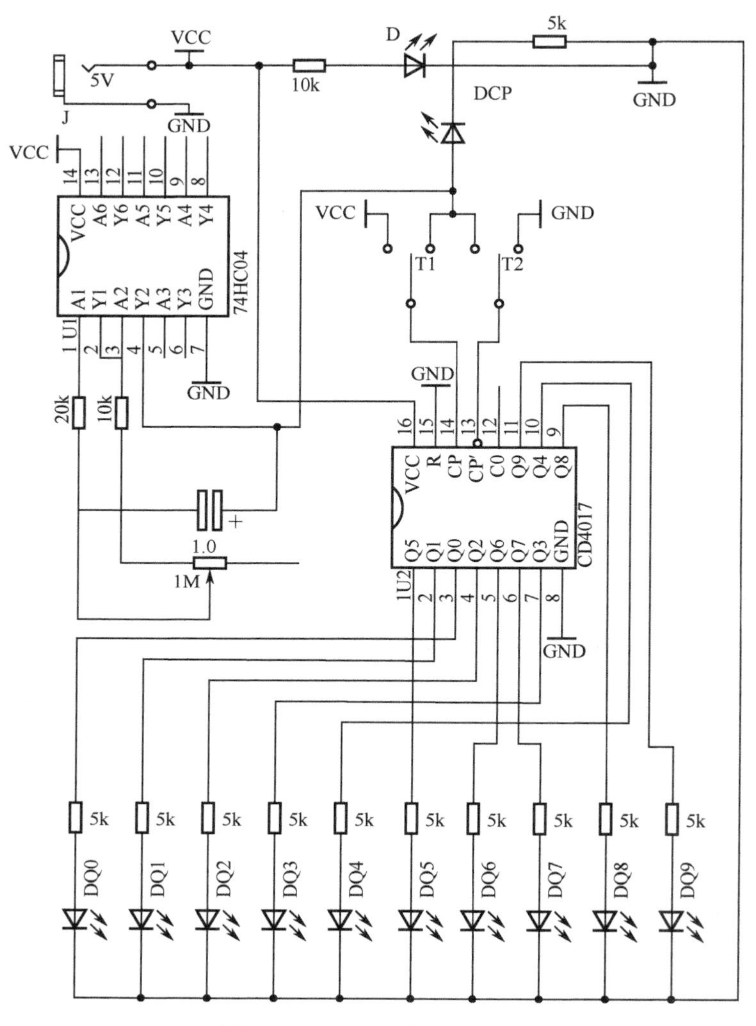

图 4-26　CD4017 实训电路图

图 4-27　CD4017 实训电路板元件定位图

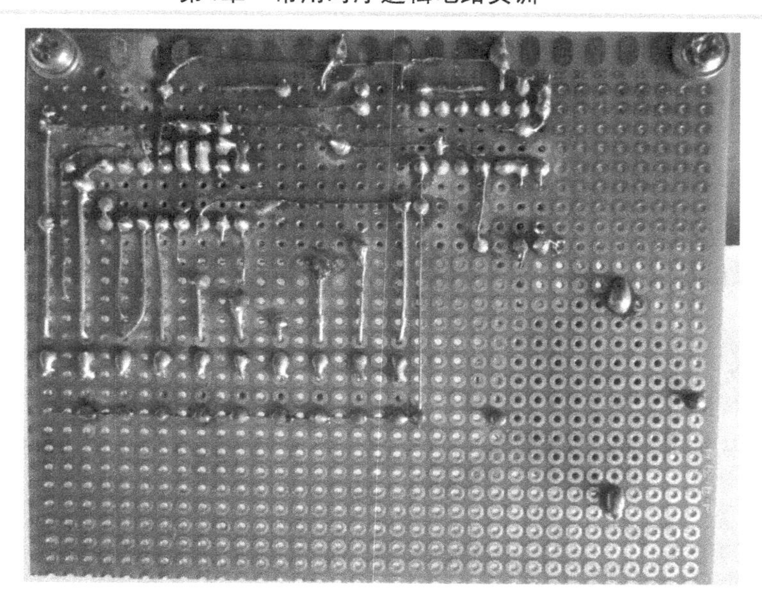

图 4-28 CD4017 实训电路板焊接布线图

4.6.3 CD4017 十进制计数分频功能验证步骤

CD4017 实训电路的功能验证步骤如下。

（1）给验证电路板通上 5V 工作电源，发光二极管 D 点亮则通电有效。

（2）验证上升沿计数。

将 T1 的动触点掷于时钟端，将 T2 的动触点掷于 GND 端。

调节变阻器，使方波振荡器频率尽可能降低。

观察十进制计数的计数过程，特别注意计数状态改变一瞬间，时钟指示二极管的动态变化（是亮变熄还是熄灭亮）。

（3）验证下降沿计数。

将 T1 的动触点掷于 VCC 端，将 T2 的动触点掷于时钟端。

调节变阻器，使方波振荡器频率尽可能降低。

观察十进计数的计数过程，特别注意计数状态改变一瞬间，时钟指示二极管的动态变化（是亮变熄还是熄灭亮）。

4.6.4 CD4017 十进制计数分频时序图

CD4017 计数时序图如图 4-29 所示。时序图又称波形图，是描述时序电路功能最直观的工具。时序电路以时钟信号为工作节拍，一步一步地相继运行。时序图中的第一行，一般是时钟脉冲（信号）的波形，它下面其余各行，是时序电路中需要观察分析的各端点（输入端、输出端和控制端）的波形。可把时钟信号波形视为时间轴，其他信号波形对准时间轴上的时刻来进行高低电平的分析确定。时间轴是以时钟信号的周期而展开的，把时钟信号的一个周期视为一拍，一拍就由四部分组成：上升沿、1 电平、下降沿和 0 电平。在每

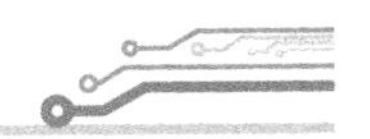

一拍中，时钟信号起作用的一般是上升沿或下降沿。从实训过程已知，CD4017 既能用上升沿工作，也能用下降沿工作。下面以上升沿有效为例，用图 4-29 所示的时序图分析 CD4017 工作要点。

当第 1 个 CP 时钟信号的上升沿到来时，受 CP'端的禁止作用，CD4017 不能计数，同时高电平有效的异步复位功能，也使得 CD4017 还是不能计数。异步复位是指不需要时钟信号支持的复位方式。复位时 CD4017 除 Q0 和 C0 为 1 电平外，其余各 Q 端均为 0 电平。当第 3 个 CP 信号的上升沿来到时，复位信号和禁止信号都已失效，因此 CD4017 已处于计数状态，Q0 就从 1 电平翻转成 0 电平，Q1 就从 0 电平翻转成 1 电平；当第 4 个 CP 信号的上升沿来到时，Q1 就从 1 电平翻转成 0 电平，Q2 就从 0 电平翻转成 1 电平；……；当第 12 个 CP 信号的上升沿来到时，Q9 就从 1 电平翻转成 0 电平，Q1 就从 0 电平翻转成 1 电平。由此可知，在 10 个 CP 脉冲的作用下，Q0~Q9 依次输出 1 个时钟周期的 1 电平。

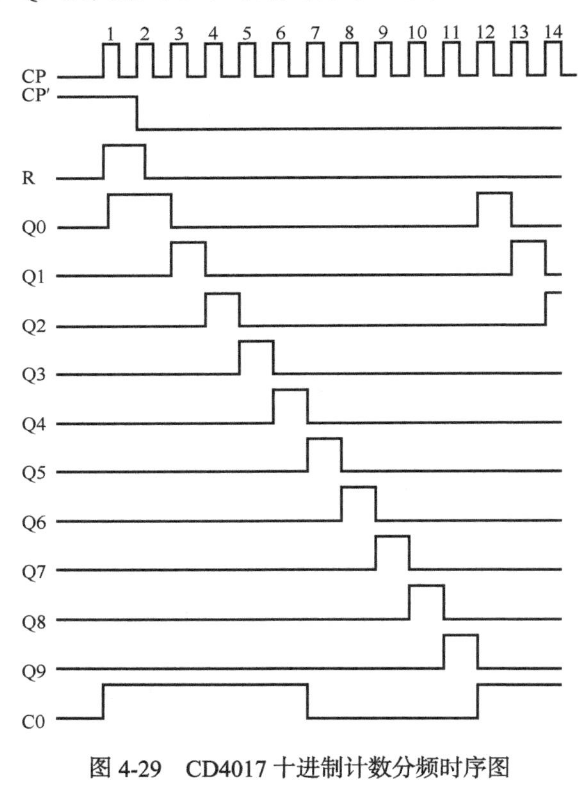

图 4-29 CD4017 十进制计数分频时序图

4.7 CD4015 移位寄存器实训

4.7.1 CD4015 的引脚排列图和功能表

CD4015 由两个独立的 4 位串入并出移位寄存器组成（主从）。每个寄存器具有独立的时钟和复位输入端，以及一个单端串行数据输入端。在时钟上升沿时数据从一级移位到下一级。在复位输入端施加高电平时，可使寄存器并行输出端复位。它的引脚排列图如图 4-30 所示，功能表见表 4-7。

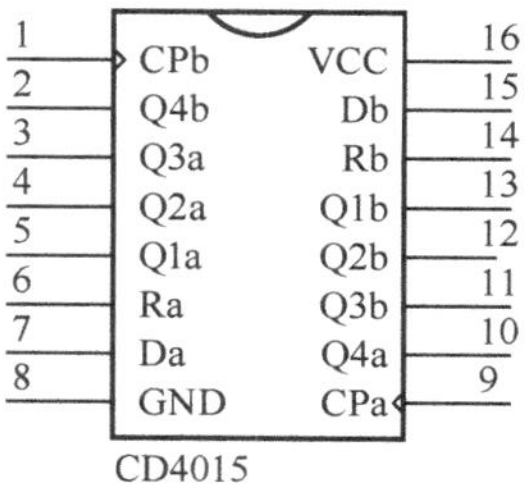

图 4-30　CD4015 引脚排列图

表 4-7　CD4015 功能表

输入			输出			
R	D	CP	Q1	Q2	Q3	Q4
1	X	X	0	0	0	0
0	0	↑	0	Q1n	Q2n	Q3n
0	1	↑	1	Q1n	Q2n	Q3n
1	X	↓	无变化			

CD4015 串行移位的规则是，在时钟的上升沿，把时钟跳变前的 D、Q1、Q2、Q3 对应移入 Q1、Q2、Q3、Q4。即功能表中的 Q1n、Q2n、Q3n 表示时钟上升沿跳变前的 Q1、Q2、Q3。

4.7.2　CD4015 实训电路图和实训电路板

为加强验证效果，这里把两个独立的 4 位串行移位寄存器，串接成一个 8 位的串行移位寄存器，即把前一个 4 位移位寄存器的 Q4 输出端，接在下一个 4 位移位寄存器的串行数据输入端 D 上。在这个串接而成的 8 位串入并出移位寄存器中，要把两个 4 位的移位寄存器的两时钟输入端并接，两复位输入端也并接，前一个 4 位移位寄存器的串行数据输入端作为 8 位移位寄存器的输入端。与前面的验证电路相同，这里也用 8 个发光二极管来做 8 个 Q 输出端的输出指示，从而展现因串行移位而产生的流水灯效果。

串行移位的时钟用 74HC04 构成的方波振荡器提供，串行移位的数据输入端 D 接 1 电平。为了形成流水灯的周期性变化，把合并而成的移位寄存器的 Q8 输出端，接在合并的复位端上，这样，数据输入端上的 1 电平，在时钟脉冲的作用下，从 Q1 依次移到 Q8，形成 7 位流水灯效果，而 Q8 上的高电平，将使这一移位寄存器复位，从而 Q8 上的二极管仅一闪而过，以此进入新一轮移位。

按以上要求设计的 CD4015 功能验证电路如图 4-30 所示。

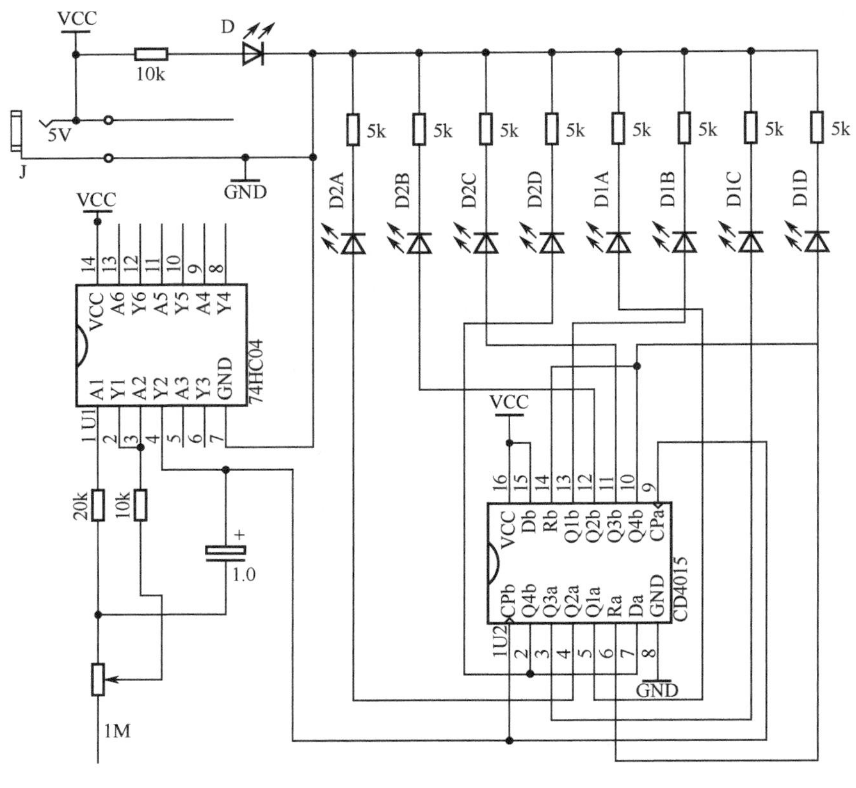

图 4-31　CD4015 实训电路图

把图 4-31 所示电路中的所有元件全部焊接安装在一块 9cm × 7.5cm 的万用电路板上。图 4-32 为实训电路板的元件定位图，图 4-33 为实训电路板的焊接布线图。

图 4-32　CD4015 实训电路板元件定位图

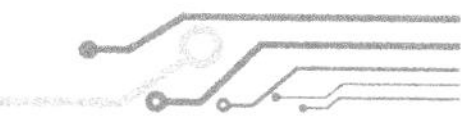

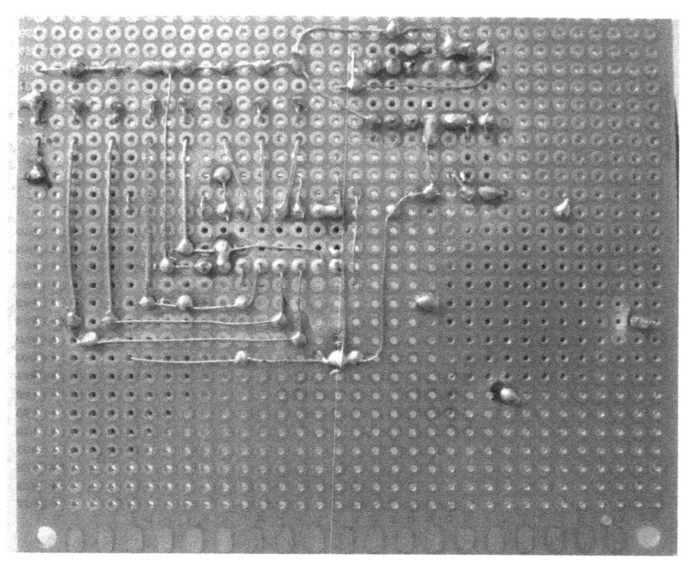

图 4-33　CD4015 实训电路板焊接布线图

在图 4-32 所示的 CD4015 实训电路板中，左上的 IC 芯片是 74HC04，中间的 IC 芯片是 CD4015。

4.7.3　CD4015 移位功能验证步骤

CD4015 实训电路的功能验证步骤如下。

（1）给验证电路板通上 5V 工作电源，发光二极管 D 点亮则通电有效。

（2）调节图 4-31 中的电位器，观察各种时钟频率下的流水灯效果。

（3）分析看不见第 8 个发光管发光的道理。

4.8　74HC194 双向移位寄存器实训

4.8.1　74HC194 的引脚排列图和功能表

74HC194 的引脚排列如图 4-34 所示，其功能见表 4-8。

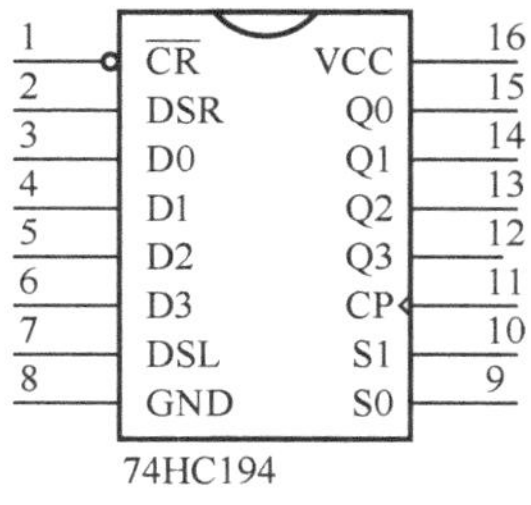

引脚	名称	名称	引脚
1	$\overline{CR}$	VCC	16
2	DSR	Q0	15
3	D0	Q1	14
4	D1	Q2	13
5	D2	Q3	12
6	D3	CP	11
7	DSL	S1	10
8	GND	S0	9

74HC194

图 4-34　74HC194 引脚排列图

表 4-8　双向移位寄存器 74HC194 功能表

输入					输出	操作说明
CR	S1 S0	CP	DSL　DSR	D0 D1 D2 D3	Q0　Q1　Q2　Q3	
0	X　X	X	X　　X	X　X　X　X	0　0　0　0	复位
1	1　1	↑	X　　X	a　b　c　d	a　b　c　d	并行装入
1	0　1	↑	X　　1	X　X　X　X	1　Q0n　Q1n　Q2n	右移
1	0　1	↑	X　　0	X　X　X　X	0　Q0n　Q1n　Q2n	右移
1	1　0	↑	1　　X	X　X　X　X	Q1n Q2n　Q3n　1	左移
1	1　0	↑	0　　X	X　X　X　X	Q1n Q2n　Q3n　0	左移
1	0　0	X	X　　X	X　X　X　X	不变	保持
1	X　X	0	X　　X	X　X　X　X	不变	保持
1	X　X	1	X　　X	X　X　X　X	不变	保持
说明：　1=高电平，0=低电平，X=无关，↑=从 0 电平至 1 电平的跳变，Q0n、Q1n、Q2n、Q3n 分别表示时钟上升沿跳变前的 Q0 、Q1、Q2、Q3						

引脚说明如下。

1. 输入端

CP 端（第 11 引脚）为时钟端。上升沿有效。

CR 端（第 1 引脚）为复位端。施加其上的低电平使所有的级复位并强制所有输出端为低电平。

D0、D1、D2、D3 端（第 3、4、5、6 引脚）为并行数据输入端。

DSR 端（第 2 引脚）为使用右移方式时的串行数据输入端。

DSL 端（第 7 引脚）为使用左移方式时的串行数据输入端。

S0、S1 端（第 9、10 引脚）为操作方式选择端。S0=1、S1=1 为并行装入方式，时钟的上升沿将数据装入各 Q 端；S0=1、S1=0 为右移方式，时钟的上升沿使每一位右移（从 Q0 向 Q3 方向）一位，同时在 DSR 串行数据输入端上的数据被移入 Q0 位；S0=0、S1=1 为左移方式，时钟的上升沿使每一位左移（从 Q3 向 Q0 方向）一位，同时在 DSL 串行数据输入端上的数据被移入 Q3 位；S0=0、S1=0 为保持方式。

2. 输出端

Q0、Q1、Q2、Q3 端（第 15、14、13、12 引脚）为并行数据输出端。

4.8.2　74HC194 实训电路图和实训电路板

74HC194 的功能验证电路设计时的基本考虑是：

（1）在其并行输出的各 Q 端均接一个发光二极管，以指示各 Q 端电平；

（2）在并行输入各 D 端加接可取 1 电平或 0 电平的拔码开关，并用 LED 元件作为电

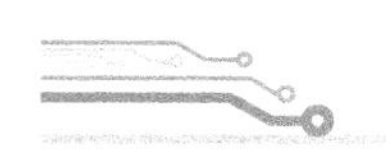

平指示；

（3）把左右移位时的两个串行数据引脚并接且加上可取 1 电平或 0 电平的拔码开关，并用 LED 元件作为电平指示；

（4）用 74HC04 构成的方波振荡器为 74HC194 提供时钟信号，这个时钟信号也用 LED 二极管作为电平指示，用来验证上升沿有效。

有这 4 点考虑的 74HC194 功能验证电路如图 4-35 所示。

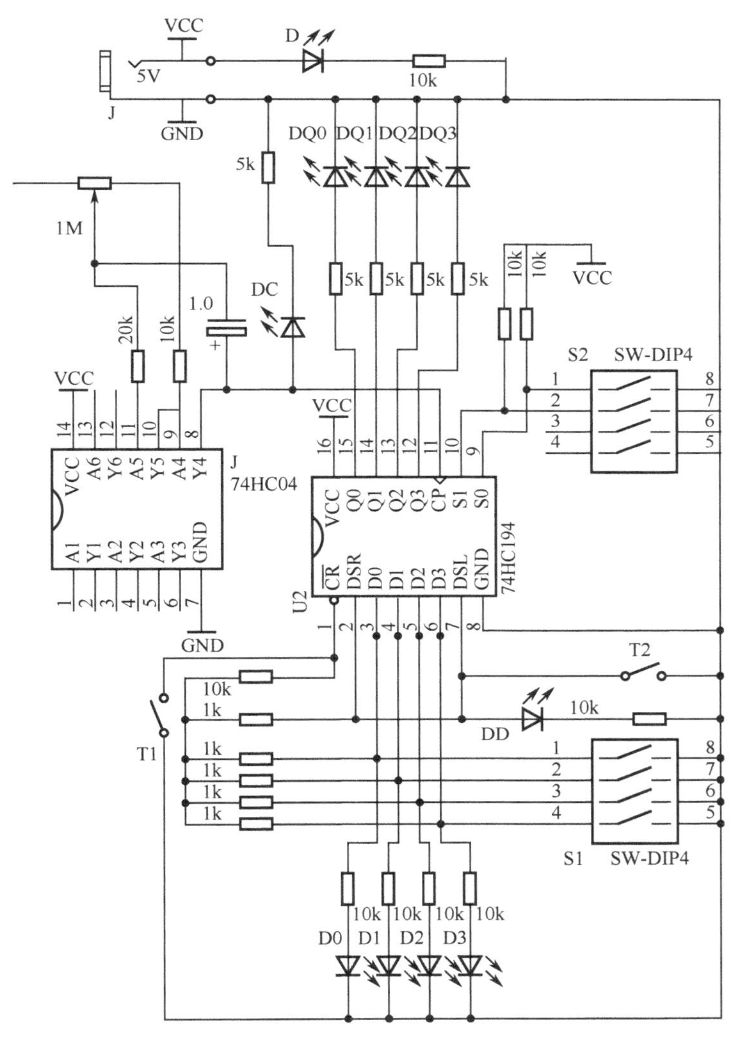

图 4-35　74HC194 实训电路图

把图 4-35 所示电路中的所有元件全部焊接安装在一块 9cm × 7.5cm 的万用电路板上。图 4-36 为实训电路板的元件定位图，图 4-37 为实训电路板的焊接布线图。

在如图 4-35 所示的实训电路板上，左边是 74HC04 及其外围电路，该芯片右上角的 LED 二极管用来作为时钟信号的电平指示，借此观察时钟的上升沿有效。右边是 74HC194 及其外围电路。74HC194 上方的 4 位 LED 二极管作为输出端的电平指示；下方的 4 个 LED 二极管作为 4 位并行数据装入端上的电平指示，下方偏右的 4 位拨码开关用来具体设置 4 位并行装入数据。电路板左方的（无锁）按键开关为复位开关，右方的（带锁）按键开关为串行数据输入端的数据设置开关，数据设置按键左边的 LED 二极管用做所设置串行数据的电平指示。电路板右方的 2 位拨码开关用来选择 74HC194 的四种工作方式。

图 4-36　74HC194 实训电路板元件定位图

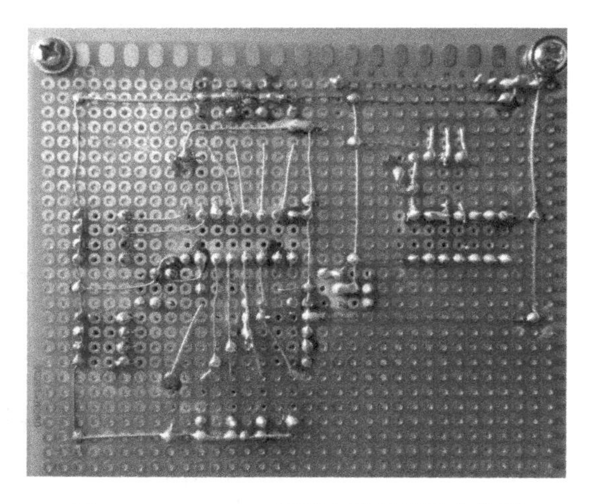

图 4-37　74HC194 实训电路板焊接布线图

4.8.3　74HC194 双向移位功能验证步骤

74HC194 实训电路的功能验证步骤如下。

（1）给验证电路板通上 5V 工作电源，发光二极管 D 点亮则通电有效。

（2）验证准备。

将 RC 振荡器的电阻调大，观察 LED 发光管的闪动情况，使振荡周期大于 1s。

（3）验证复位功能。

释放右边带锁的按键开关，即串行数据 D=1（LED 亮），几个时钟周期后，并行输出端上

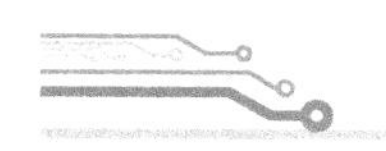

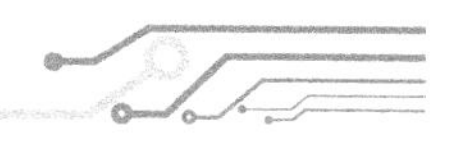

的 LED 灯全亮，此时，按下左边复位（无锁）的按键开关后释放，同时观察各 Q 输出端的 LED 电平（全熄），再过 4 个时钟信号后，移位输出指示灯又全亮，再复位又全熄灭，如此重复，此即复位验证。

（4）验证左移功能。

将 2 位拨码开关的上面一位与地接通，下面一位断开，保持串行输入数据为 1，按下复位开关（左边处）后释放，各 Q 输出端的 LED 发光管将随时钟信号的节拍，从右亮到左，再复位一次，则又从右亮到左。

（5）验证右移功能。

将 2 位拨码开关的下面一位与地接通，上面一位断开，保持串行输入数据为 1，按下复位开关（左边处）后释放，各 Q 输出端的 LED 发光管将随时钟信号的节拍，从左亮到右，再复位一次，则又从左亮到右。

（6）验证并行装入功能。

先在右移方式下运行，用 4 位拨码开关把并行装入数据设成 1001，在各 Q 输出端的 LED 发光管全亮时，将 2 位拨码的下一位改为与地断开，则再来一个时钟上升沿后，输出端的 4 个 LED 发光管的电平指示变为 1001，即与并行数据装入端的 4 个 LED 发光管指示相同。

（7）验证保持功能。

先在左移方式下运行并按一下复位按键，当各 Q 输出端指示为 0011 时，速将 2 位拨码的下一位改为与地接通，则无论经过多少个时钟信号，各 Q 输出端指示仍为 0011。

4.9　74HC595 移位寄存器实训

74HC595 由一个 8 位串行移位寄存器和一个带 3 态并行输出的 8 位 D 型锁存器组成。该移位寄存器接受串行数据和提供串行输出。移位寄存器还向 8 位锁存器提供并行数据。移位寄存器和锁存器具有单独的时钟输入端。该器件还有一个用于移位寄存器的异步复位端。

4.9.1　74HC595 的引脚排列图和功能表

74HC595 的引脚排列如图 4-38 所示，功能表见表 4-9。

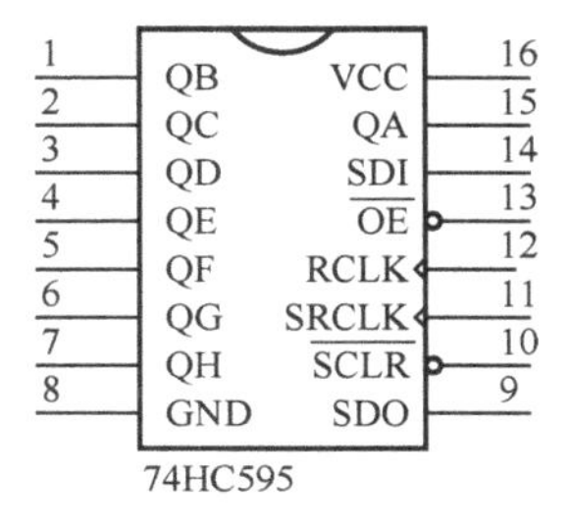

图 4-38　74HC595 的引脚排列图

表 4-9　74HC595 功能表

输　入					结 果 功 能
SCLR	SDI	SRCLK	RCLK	OE	
0	X	X	X	X	清除移位寄存器的内容
1	0	↑	X	X	0 移入移位寄存器
1	1	↑	X	X	1 移入移位寄存器
1	X	↓	X	X	移位寄存器保持不变
1	X	0	↑	X	存储在 8 位锁存器中的移位寄存器数据
1	X	0	↓	X	数据锁存器保持不变
1	X	0	0	0	启动 QA~QH 锁存输出
1	X	0	0	1	QA~QH 输出处于高阻抗状态

引脚说明如下。

1. 输入端

SDI 端（第 14 脚）为串行数据输入端。该端的数据可移入串行移位寄存器。

SRCLK 端（第 11 脚）为移位寄存器时钟输入端。上升沿有效。

RCLK 端（第 12 脚）为存储锁存器时钟输入端。上升沿有效。

SCLR 端（第 10 脚）为复位端。低电平有效。

OE 端（第 13 脚）为输出允许端，低电平有效。该输入端的低电平可以使来自锁存器的数据出现在输出端。该输入端的高电平强制输出端（QA~QH）呈高阻抗状态。串行输出 SDO 不受这个限制。

2. 输出端

QA~QH 端（第 15、1、2、3、4、5、6、7 脚）为 8 位锁存器输出端，同相、3 态。

SDO 端（第 9 脚）为串行数据同相输出端。这是 8 位移位寄存器中第 8 级的输出端。

4.9.2　74HC595 实训电路图和实训电路板

74HC595 需要验证的功能有移位、锁存、复位。为得到较稳定的时钟信号，验证电路设计中首先考虑了，用两个单稳态电路来分别产生移位和锁存时钟，并在两个时钟信号输出端都加了 LED 发光管以显示时钟信号的上升沿有效，为能获得 0 电平和 1 电平两种串行输入信号，电路中还使用了一个带锁的按键开关及 LED 发光管，用做串行输入信号的手动设置和相应的电平指示。验证电路如图 4-39 所示。

把图 4-39 所示电路中的所有元件全部焊接安装在一块 9cm × 7.5cm 的万用电路板上。图 4-40 为实训电路板的元件定位图，图 4-41 为实训电路板的焊接布线图。

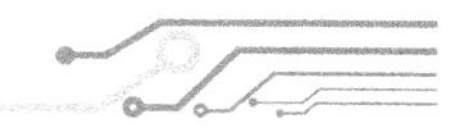

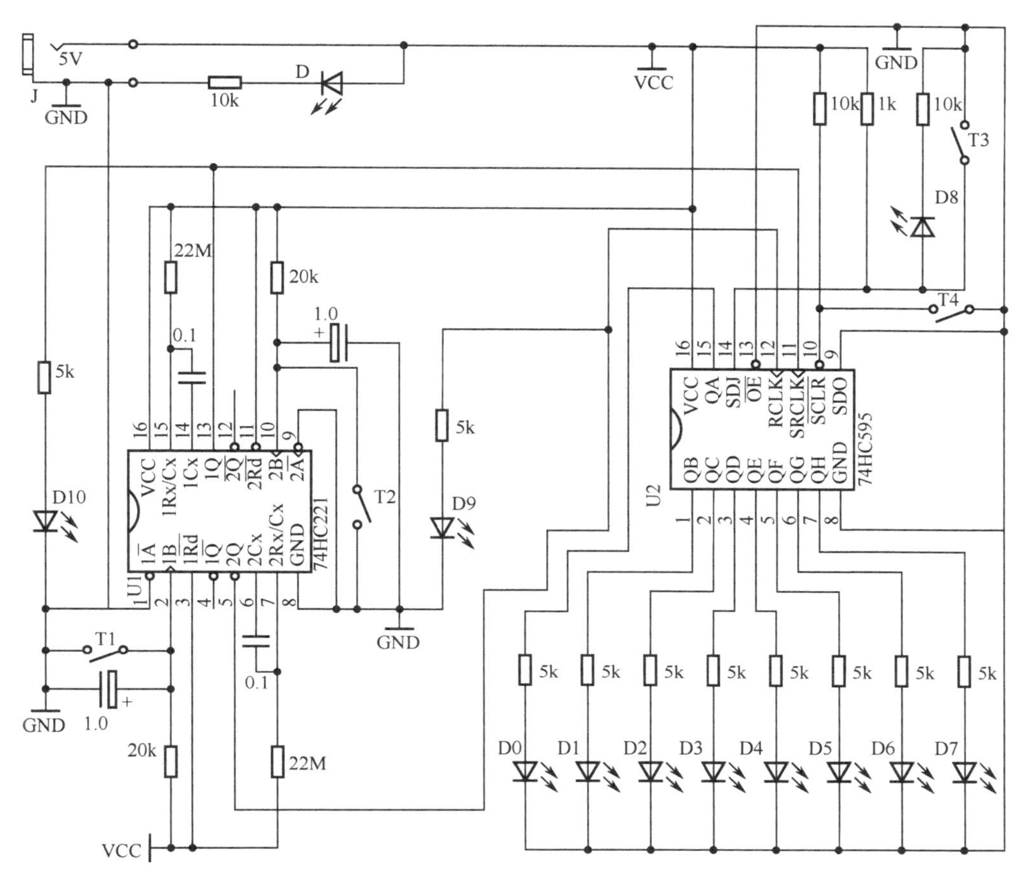

图 4-39　74HC595 实训电路图

图 4-40　74HC595 实训电路板元件定位图

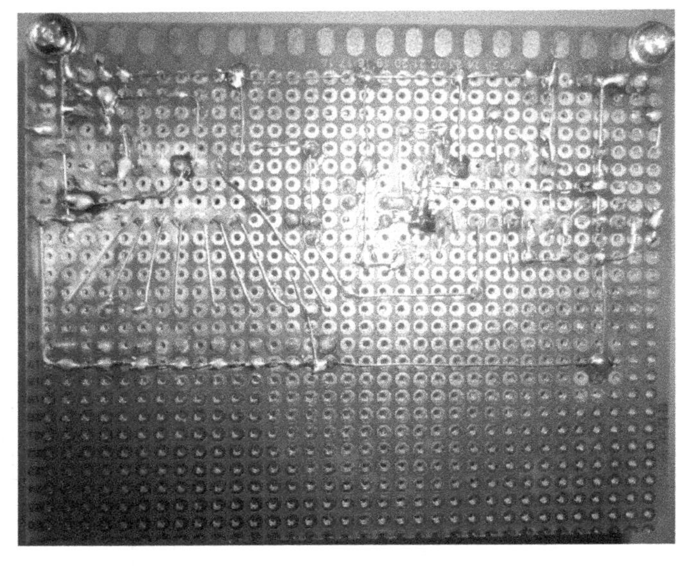

图 4-41　74HC595 实训电路板焊接布线图

在图 4-40 所示的 74HC595 实训电路板上，左边的 IC 芯片是 74HC221，它的两个单稳态电路分别用来构成 74HC595 的移位时钟和锁存时钟，74HC221 左边的（无锁）按键用来触发锁存时钟的单稳态电路，74HC221 右边的（无锁）按键用来触发移位时钟的单稳态电路。电路板右边的 IC 芯片是 74HC595。电路板右上角有两个按键开关，上面一个带锁的开关用来设置串行输入端的两种电平，这个开关下面的那个 LED 发光管用来指示串行输入端上的电平指示（亮为 1，熄为 0）。右上角下面的无锁开关是 74HC595 的复位开关，低电平有效。

4.9.3　74HC595 移位功能验证步骤

74HC595 实训电路的功能验证步骤如下。

（1）给验证电路板通上 5V 工作电源，发光二极管 D 点亮则通电有效。

（2）释放串行输入端上的电平设置按键，电平指示 LED 灯亮，即 SDI=1，按一下复位开关，又 4 次将移位触发开关（左边那个按键）按下后释放，即产生 4 次移位时钟，同时观察 74HC595 的 8 个锁存输出端上的 LED 灯（无反映，全熄），再将锁存触发开关按下后释放，锁存输出端的 LED 灯指示为 11110000，对这一操作结果的解释是：复位后，移位寄存器的代码为 00000000，因 SDI=1，所以 4 次移位后，移位寄存器的代码为 11110000，这一代码还在移位寄存器中，根本没有进入锁存输出端，当触发锁存时钟后，在锁存时钟上升沿作用下，移位寄存器中的代码被锁存到锁存输出端（由 8 位 D 型锁存器组成），于是锁存输出端上的 LED 灯立即指示所锁存的代码 11110000。

（3）在完成第（2）步的状态下，先压下串行输入端上的电平设置按键，其电平指示 LED 灯熄，即 SDI=0，按一次移位触发开关；再释放串行输入端上的电平设置开关，其电平指示 LED 灯再亮，即 SDI=1，又按一下移位触发开关，注意观察，锁存输出端的代码指示无任何变化，观察后再按一下锁存触发开关，立即看到，锁存输出端指示的代码为 10111100。对此的解

释是：上面第（2）步操作后，移位寄存器中的代码为 11110000，在这次操作中，又移进了 0 和一个 1，因此移位寄存器中的代码为 10111100，但还仅在移位寄存器中，必须进行锁存操作，锁存输出端才会改变。

（4）在完成第（3）步的状态下，按下复位开关，观察锁存输出端指示代码不变，按下触存触发开关，可看到锁存输出端 LED 灯指示为 00000000。对此的解释是，74HC595 的复位不能复位锁存输出端（D 型锁存器），只是复位了移位寄存器。

4.10　74HC393 二进制计数器实训

4.10.1　74HC393 的引脚排列图和功能表

74HC393 的引脚排列如图 4-42 所示，功能表见表 4-10。

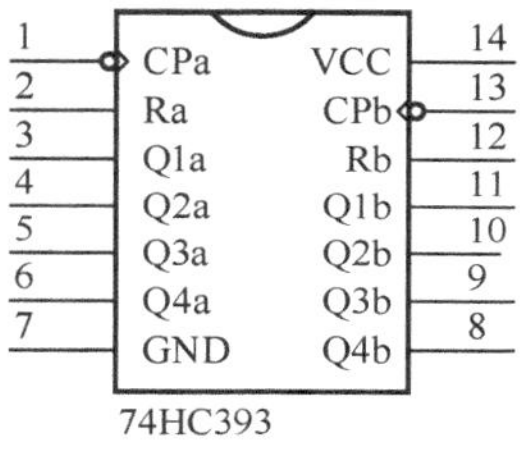

引脚	左侧	右侧	引脚
1	CPa	VCC	14
2	Ra	CPb	13
3	Q1a	Rb	12
4	Q2a	Q1b	11
5	Q3a	Q2b	10
6	Q4a	Q3b	9
7	GND	Q4b	8

74HC393

图 4-42　74HC393 的引脚排列图

表 4-10　74HC393 功能表

输入端		输出端
CP	R	
X	1	0
1	0	不变
0	0	不变
↑	0	不变
↓	0	进入另一个状态

引脚说明如下。

1. 输入端

CP 端（第 1、13 脚）为时钟输入端。在时钟输入的高至低跳变时触发内部触发器和计数器状态进位。

R 端（第 2，12 脚）为复位端，高电平有效。复位输入端的逻辑高电平停止计数，并强制各输出端复位为低电平。

2. 输出端

Q1、Q2、Q3、Q4（第 3、4、5、6 脚，第 8、9、10、11 脚）为并行二进制输出端，Q4 为最高位。

4.10.2　74HC393 实训电路图和实训电路板

74HC393 的功能验证电路主要验证它的二进制计数功能，因此各输出端都要用 LED 发光二极管来做计数显示，各位上的发光二极管亮表示 1、熄表示 0。为提高验证时的观察效果，这里把两组 4 位二进制计数器，级联成一个 8 位二进制计数器。级联时把前一 4 位计数器的 Q4 端，接在下一级 4 位计数器的时钟引脚上。各种计数都需要由计数时钟来计数，这里用

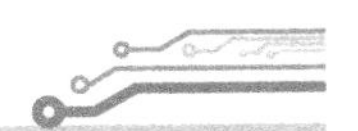

74HC04 构成的方波振荡器来提供计数时钟。为了让加电后计数器从 0 开始计数，需要给计数器设计加电复位功能。加电复位功能是用复位端上的下拉电阻与上充电容来实现的。加电时，电源电压对电容充电，充电开始时，电容两端的电压不能突变，所以复位端的电平为高电平，二进制计数器被复位，8 个 Q 输出端输出 00000000。充电结束后，复位端的电平变为低电平，计数器开始计数。这样设计的功能验证电路如图 4-43 所示。

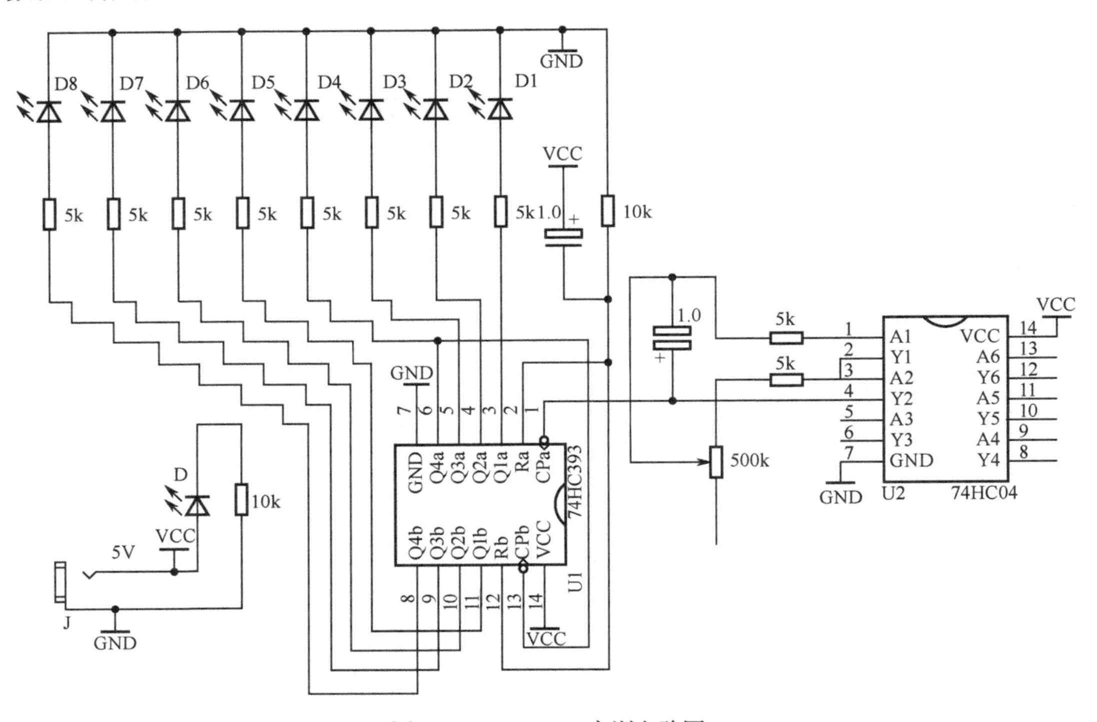

图 4-43　74HC393 实训电路图

把图 4-43 所示电路中的所有元件全部焊接安装在一块 9cm × 7.5cm 的万用电路板上。图 4-44 为实训电路板的元件定位图，图 4-45 为实训电路板的焊接布线图。

图 4-44　74HC393 实训电路板元件定位图

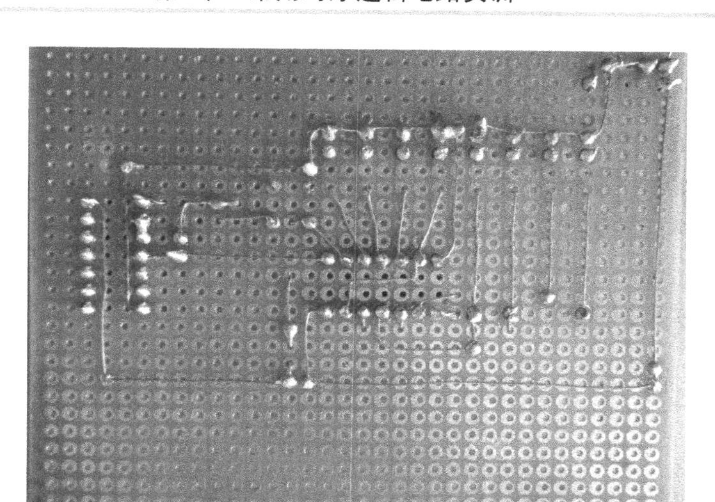

图 4-45　74HC393 实训电路板焊接布线图

在图 4-44 所示的实训电路板上，左面那块 IC 芯片就是 74HC393，右面那块 IC 芯片就是 74HC04。74HC04 左边的阻容元件和小型电位器用来构成 RC 振荡器的定时元件。

4.10.3　74HC393 二进制计数功能验证步骤

74HC393 实训电路的功能验证步骤如下。

（1）给验证电路板通上 5V 工作电源，发光二极管 D 点亮则通电有效。

（2）调节时钟信号的周期，观察在各种周期下二进制计数电路输出端各 LED 灯的计数变化状态。

4.10.4　74HC393 二进制计数时序图

由 74HC393 的功能表可知，74HC393 的计数是 CP 信号的下降沿有效，其复位是高电平有效的异步复位方式。74HC393 的二进制计数时序图如图 4-46 所示。

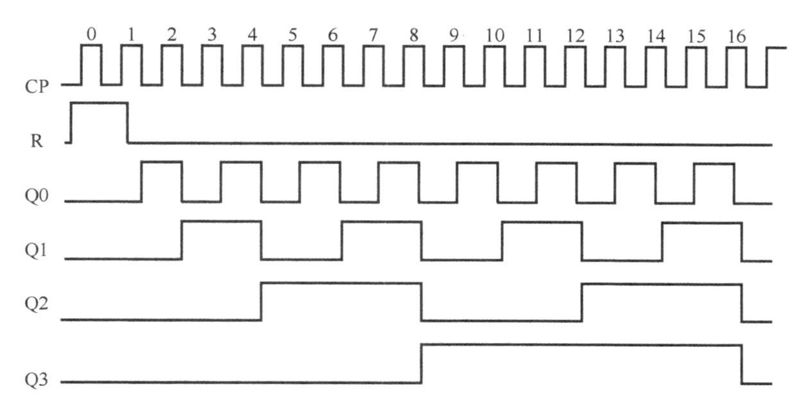

图 4-46　74HC393 二进制计数时序图

从图 4-46 所示的时序图中可知，当第 0 个 CP 信号的下降沿到来时，74HC393 还因处于复位状态而不能计数。复位使 Q0~Q3 全为 0 电平。当第 1 个 CP 信号的下降沿到来时，因复位已经结束，Q0 由 0 电平翻转为 1 电平；当第 2 个 CP 信号的下降沿到来时，Q0 由 1 电平翻转为 0 电平，同时 Q0 的下降沿又使 Q0 的后继 Q1 翻转（0 变 1）；当第 4 个 CP 信号的下降沿到来时，Q0 由 1 电平翻转为 0 电平，而 Q0 的下降沿又使 Q0 的后继 Q1 翻转（1 变 0），而 Q1 的下降沿又使 Q1 的后继 Q2 翻转（0 变 1）。其余类推。这种 Q_i 的下降沿（或上升沿）使 Q_{i+1} 翻转的计数方式称为异步计数方式。

4.11 74HC192 BCD 加减计数器实训

4.11.1 74HC192 的引脚排列图和功能表及引脚说明

74HC192 的引脚排列如图 4-47 所示，功能见表 4-11。

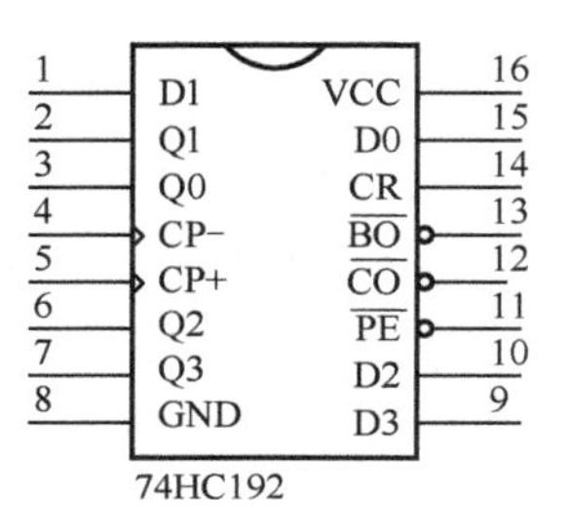

图 4-47 74HC192 的引脚排列图

表 4-11 4HC192 功能表

CP+	CP-	CR	PE	功　能
↑	1	0	1	加法计数
1	↑	0	1	减法计数
X	X	1	X	复位
X	X	0	0	装入预置输入端

引脚说明如下。

1. 输入端

CP+端（第 5 脚）为加法时钟输入端，上升沿有效。

CP-端（第 4 脚）为减法时钟输入端，上升沿有效。

CR 端（第 14 脚）为复位输入端，高电平有效。

D0、D1、D2、D3 端（第 15、1、10、9 脚）为 BCD 预置输入端。D3 为最高位。

PE 端（第 11 脚）为预置数据装载输入端，低电平有效。

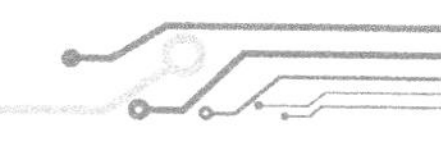

2. 输出端

BO 端（第 13 脚）为减法借位输出端。

CO 端（第 12 脚）为加法进位输出端。

Q0、Q1、Q2、Q3 端（第 3、2、6、7 脚）为 BCD 计数输出端。

4.11.2　74HC192 实训电路图和实训电路板

验证电路设计要根据被验证器件的功能来考虑。74HC192 的功能就是带复位的可预置 BCD 加减计数器。即通过把 BCD 中所需的值送到预置输入端（D0、D1、D2、D3 端），然后使装载输入端（PE 端）为低电平的方法，可以使该计数器预置，计数器就在所预置的数上进行加减计数。通过使该装载输入端（PE）为高电平和使相应的时钟输入端接上计数时钟的方法实现加法或减法计数的目的。该计数器的状态在相应的时钟输入正跳变时变换。在加法计数的模式中，在达到 0 状态之前进位变为低电平半个时钟周期，当达到 0 状态时进位返回高电平。在减法计数的模式中，在达到 9 状态之前借位变为低电平半个时钟周期，当达到 9 状态时借位返回高电平。复位端是高电平有效，并强制 Q0~Q3 为 0 电平。

通过把最低位计数器的进位和借位分别接到下一个较高位的时钟加和时钟减，就可以把这些计数器级联起来。把最低位计数器的时钟减接 1 电平，时钟加接计数时钟，则整个计数电路就是加法计数器；把最低位计数器的时钟加接 1 电平，时钟减接计数时钟，则整个计数电路就是减法计数器。

为了比较全面地验证 74HC192 的各项功能，也为了给后面高性能实用抢答器计时电路设计做铺垫，验证电路就用两片 74HC192 来构成带预置的两位十进制加减计数器，整个实训电路如图 4-49 所示。

在图 4-49 中，一共用了 5 只数字 IC 芯片。2 只 74HC192 用来构成两位十进制计数电路，2 只 74LS248 用来将两位 BCD 码分别译成两位 LED 数码管所需的七段驱动码，1 只 CD4060 用来产生计数电路所需的计数时钟，这里需要先补充 CD4060 的使用资料。CD4060 的引脚排列如图 4-48 所示，其功能见表 4-12。

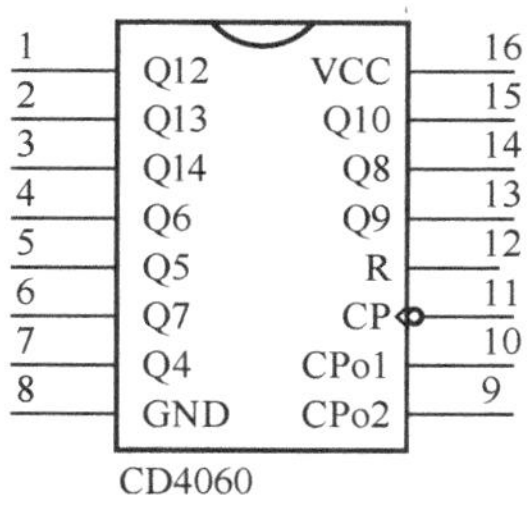

引脚	名称	名称	引脚
1	Q12	VCC	16
2	Q13	Q10	15
3	Q14	Q8	14
4	Q6	Q9	13
5	Q5	R	12
6	Q7	CP	11
7	Q4	CPo1	10
8	GND	CPo2	9

CD4060

图 4-48　CD4060 引脚排列图

表 4-12　CD4060 功能表

	R	输出状态
↑	0	不变
↓	0	进入下一状态
X	1	输出全为 0 电平

CD4060 是 14 级二进制计数器，自带“准振荡”单元。从 CD4060 的引脚排列图可知，14 级二进制计数器中有 Q1、Q2、Q3、Q11 这四个 Q 端没有引脚输出。另外，CP、CPo1、CPo2

这三个电极间可外接定时元件而自行产生计数时钟。也可从其第 11 脚引入外部时钟信号。从图 4-49 所示 RC 振荡电路的构成来看，它和用 74HC04 的两级非门构成的 RC 振荡器完全相同。在 CD4060 的 10 个 Q 输出端上，可以引出 10 种不同脉冲宽度的时钟信号。

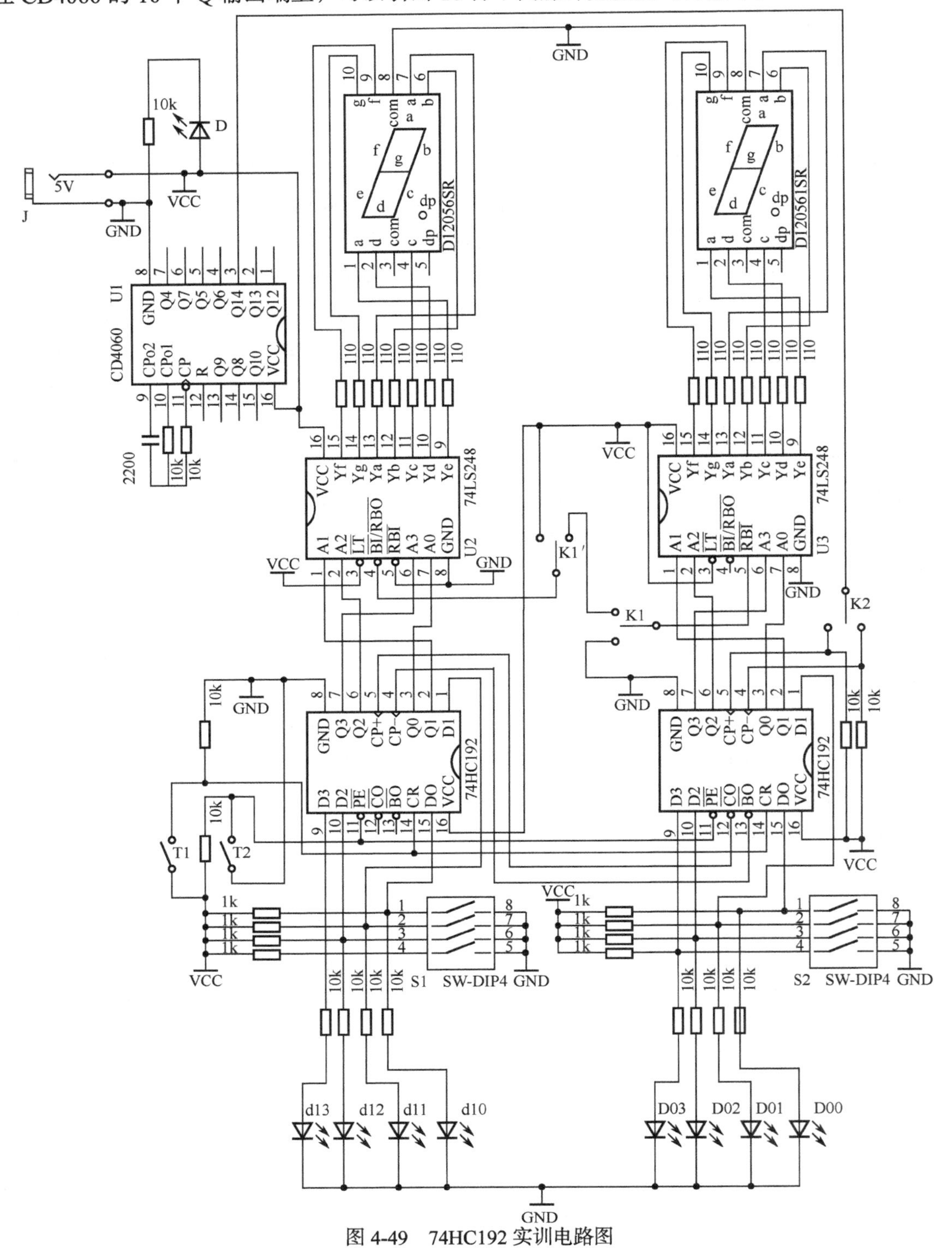

图 4-49　74HC192 实训电路图

把图 4-49 所示电路中的所有元件全部焊接安装在一块 9cm×15cm 的万用电路板上。图 4-50 为实训电路板的元件定位图，图 4-51 为实训电路板的焊接布线图。

图 4-50　74HC192 实训电路板元件定位图

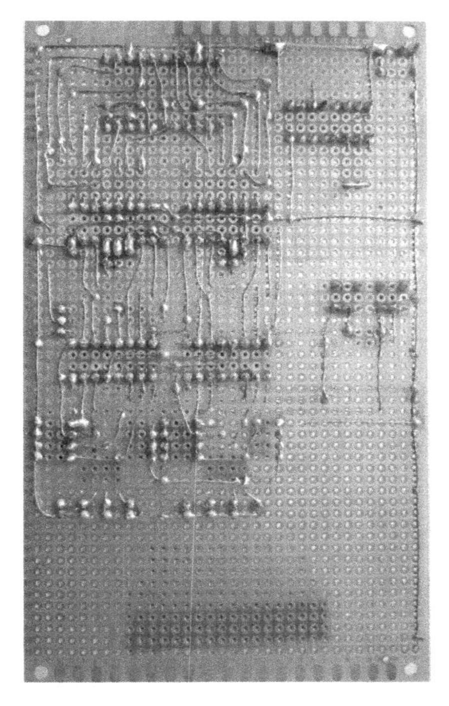

图 4-51　74HC192 实训电路板焊接布线图

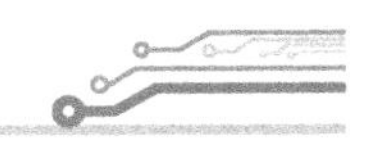

在图 4-50 所示的 74HC192 实训电路板上，左上方的 IC 芯片为 CD4060，CD4060 下面的电阻电容是多谐振荡器的定时元件。右上方是两只共阴极 LED 数码管。数码管下面是两块 74LS248，两块 74LS248 下边用了插针座来灵活设置 74LS248 的灭零功能。下面的两块 IC 芯片是 74HC192，每块 74HC192 下面是其要预置的 BCD 码输入设置电路，在预置 BCD 码的各输入端都加上可取 1 电平或 0 电平的拔码开关，并用 LED 元件作为电平指示。右边的 74HC192 右上角的 3 针插座，用来将计数时钟在最低位的时钟加输入端与时钟减输入端之间换接，以得到加法计数器或减法计数器。图中左边那个（无锁）按键开关，是计数电路的复位开关，右边那个（无锁）按键开关，是计数电路的预置数（BCD 码）装入开关。

4.11.3 74HC192 加减计数功能验证步骤

74HC192 实训电路的功能验证步骤如下。

（1）给验证电路板通上 5V 工作电源，发光二极管 D 点亮则通电有效。

（2）用万用表的直流 10V 挡，测量 CD4060 第 9、10、15 等脚对地电压，应为 2V。先将十位计数器上的 74LS248 第 4 脚上的插针电极接 VCC（清除灭零功能），个位计数器上的 74LS248 第 5 脚悬空（取消灭零功能）。

（3）验证复位功能。

按下复位按键开关不松手，则两位数码管显示 00 字样，松手后就可看到计数器以此 00 为起点计数。

（4）验证加法计数功能。

将右边那块 74HC192（个位上的计数 IC）右上角的 3 针电极中的上面两针连通，就进入加法计数，按下复位键开关，计数电路就从 00 起点开始加法计数。

（5）验证减法计数功能。

将右边那块 74HC192（个位上的计数 IC）右上角的 3 针电极中的下面两针连通，就进入减法计数，按下复位键开关，计数电路就从 00 起点开始进入减法计数。

（6）验证预置功能。

先拨动拨码开关，将十位、个位上的 BCD 码都设为 0001，按下装入按键，两位数码管立即显示 11 字样，计数电路就以 11 为起点进行计数。

（7）验证 74LS248 的灭零功能。

通过改变两只 74LS248 下面的插针电极连接，使十位上的 74HC192 第 4 脚，与个位上的 74HC192 第 5 脚连通。观察计数时十位上的零的熄灭、个位上的零的显示情况。

4.12 8×8 LED 点阵的逐点显示实训

随着信息化社会的快速发展，LED 汉字显示屏在大大小小的营运场合到处可见，各行各业借助它的醒目显示，尽情推介各种相关业务。事实上，LED 汉字显示屏，已经成为人们出门乘车、银行取款、商店购物、医院看病时必须关注的第一对象。

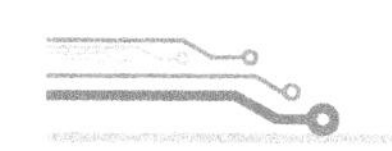

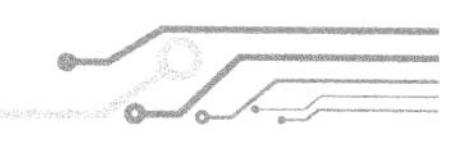

本节先学习 8×8 LED 点阵的逐点显示实训电路，第 6 章再学习一个 16×16 LED 点阵汉字显示实训电路。通过这两个实训电路的学习，为进一步掌握 LED 汉字显示屏的电路设计和产品开发，打下一点基础。

4.12.1 LED 点阵组件简介

LED 汉字显示屏要使用数量巨大的发光二极管，如果是直接将单个的 LED 二极管一个接一个地焊到电路板上，就会大大增加生产成本。因此，一般 LED 汉字显示屏生产商都是用 LED 点阵来组装 LED 显示屏。LED 组件由 LED 生产商提供。

LED 点阵是由 $n×n$ 个 LED 二极管管芯以方阵结构焊接后封装成形，一般为 8×8 点阵。8×8 LED 点阵其内部电路如图 4-52 所示。

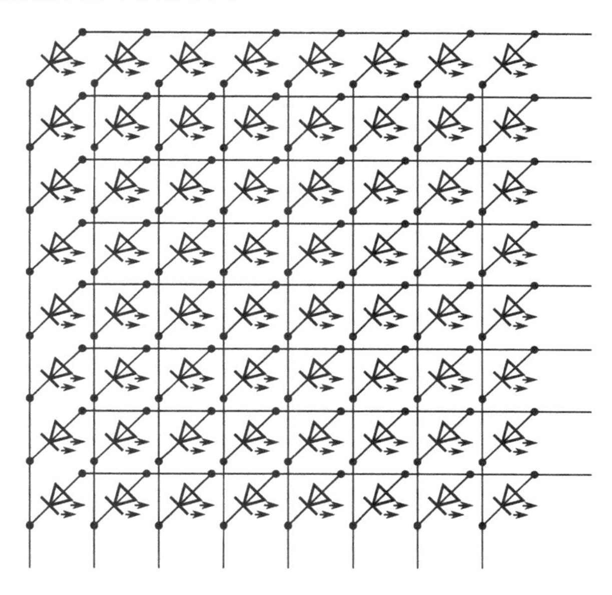

图 4-52 8×8 LED 点阵内部接线图

从图 4-52 可知，对于 8×8 LED 点阵，一定有 8 条正极引线和 8 条负极引线，在此，可以把横线称为行，共有 8 行，这 8 条行引线要依次编号，竖线称为列，共有 8 列，这 8 条列引线也要依次编号。要把点阵中的任一 LED 二极管点亮，只要在这个二极管正极所在的行线上加上高电平，并在这个二极管负极所在列线上加低电平即可。实际工作时，LED 点阵工作在扫描方式，即按行轮流依次驱动，或者按列轮流依次驱动。第 6 章，我们将学习一个 16×16 LED 点阵汉字显示电路，该实训电路中，LED 点阵就工作在扫描方式。下面，我们暂时只讨论 LED 点阵的逐点显示方法。

4.12.2 8×8 LED 点阵逐点显示实训电路图和实训电路板

首先约定逐点显示的具体要求：逐点显示从左上角开始。首先显示左上角的发光管，然后显示从左到右的第 2 个发光管，再显示从左到右的第 3 个发光管。第一行的 8 个 LED 二极管显示完毕后，再从第 2 行左边第 1 个 LED 二极管开始显示。右下角的 LED 二极管最后显示。

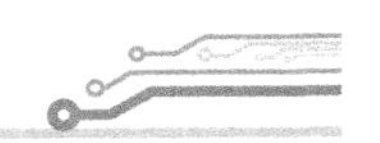

在这个电路中使用了一个 8×8 LED 点阵，它的具体型号是“SZ410788K”，表面大小为2cm×2cm，图 4-53 和图 4-54 是它的实物图和厂商提供的引脚排列图。

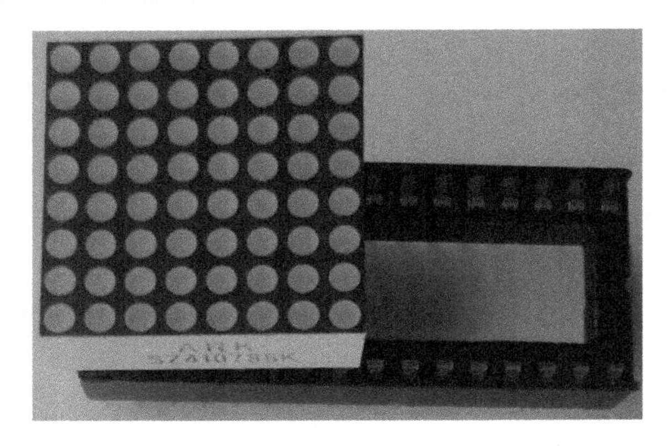

图 4-53　LED 点阵 SZ410788K 实物图

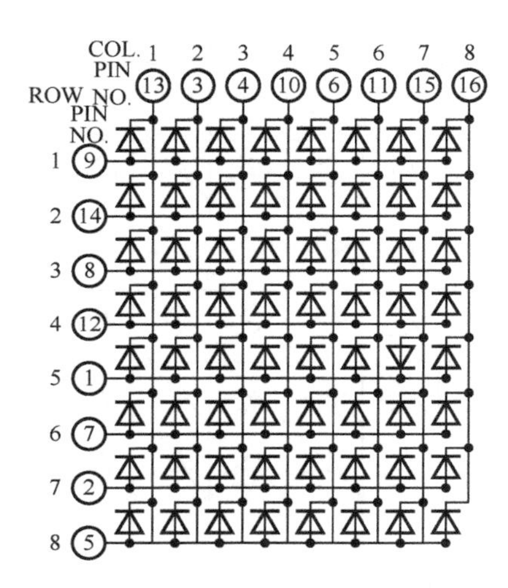

图 4-54　LED 点阵 SZ410788K 引脚图

在图 4-54 中，带圆圈的数字代表引脚序号，不带圆圈的数字代表行列序号。

8×8 LED 点阵逐点显示实训电路如图 4-55 所示。图中的 CD4060 用来产生 CD4017 八进制分配器的计数时钟，同时为 8 选 1 译码器提供 3 位地址码。CD4017 用来为 LED 点阵提供列驱动电平，高电平有效。74HC138 用来为 LED 点阵提行驱动电平，低电平有效。

电路的工作原理如下。

电路由 CD4060 产生周期可调的时钟信号。这一时钟信号同时作为 CD4017 八进制计数的计数时钟和 CD4060 二进制计数的计数时钟，由于 CD4060 只能是下降沿计数，所以 CD4017 也相应采用下降沿计数方式。由图 4-55 可知，CD4017 的 Q8 输出端与它的高电平复位端相接，因此，CD4017 工作时实质上是一八进制环形计数器，

LED 点阵的列驱动，是由 CD4017 的 Q0~Q7 这 8 个输出端依次去驱动 LED 点阵的第 1 列~第 8 列上的发光管而完成的。

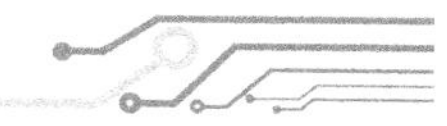

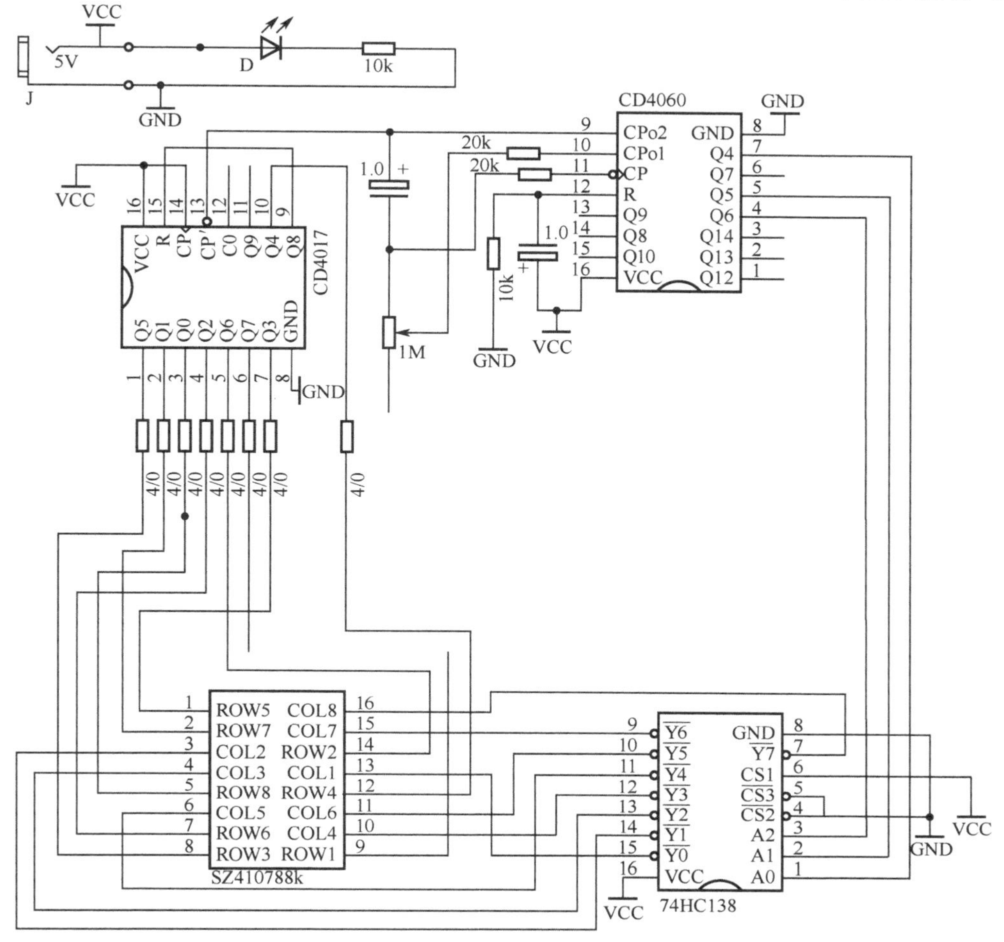

图 4-55　8×8 LED 点阵逐点显示实训电路图

LED 点阵的行驱动是由 74HC138 完成的。即用 74HC138 的 Y0~Y7 这 8 个输出端去依次驱动 LED 点阵的第 1 行~第 8 行上的发光管，也就是先第 1 行，再第 2 行，……，最后第 8 行。它和 CD4017 的驱动工作是这样衔接的：经过 8 个时钟信号，CD4017 完成从第 1 列~第 8 列的驱动后，因被复位而回到 Q0（对应第 1 列）驱动时，74HC138 的译码输出也正好下移一行（位）。这是因为，CD4060 是用 Q4、Q5、Q6 为 74HC138 提供 3 位地址码信号，对 Q4 而言，它就需要 8 个时钟信号才改变一次计数状态，换言之，每 8 个时钟信号，这 Q4、Q5、Q6 三位地址码才改变 1 次，从而使 74HC138 的译码输出下移 1 位，即驱动下移一行。

另外从 CD4017 和 74HC138 的功能表可知，CD4017 的输出是高电平有效，它的输出必须接二极管正极，74HC138 的输出是低电平有效，它的输出必须接二极管负极。

驱动电路的工作规则建立后，现在来看它和 LED 点阵 SZ410788K 的具体连线。如果按图 4-54 中给出的行列定义，CD4017 的 Q0 输出脚就应接 SZ410788K 的第 13 脚（第 1 列），CD4017 的 Q1 输出脚就应接 SZ410788K 的第 3 脚（第 2 列），……，CD4017 的 Q7 输出脚就应接 SZ410788K 的第 16 脚（第 8 列）。但这是完全不行的，因为 CD4017 的驱动输出是高电

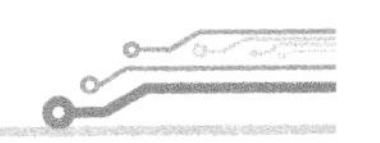

平有效，而 SZ410788K 的列引脚所接的全是二极管负极，加给二极管的是反向电压。

同样，74HC138 的输出端去做 SZ410788K 的行驱动也有同样问题，因为 74HC138 的输出为低电平有效，它只能接二极管负极，但 SZ410788K 的行引脚全部都接的是二极管正极。

怎样解决这个问题？当然还是要从厂商给出的 SZ410788K 的行列定义图来找办法。需要说明的是，引脚排列图中的行列定义，实际上是以实物图所示安装方向为默认方向来规定的。从图 4-54 可知，在这个方向上，行为正极引线，列为负极引线，可说成是“行正列负”。如果在此基准方向上顺时针旋转 90°，行列定义就自然发生改变，首先就是原来的行变成了列，原来的列变成了行，如图 4-56 ~ 图 4-58 所示。

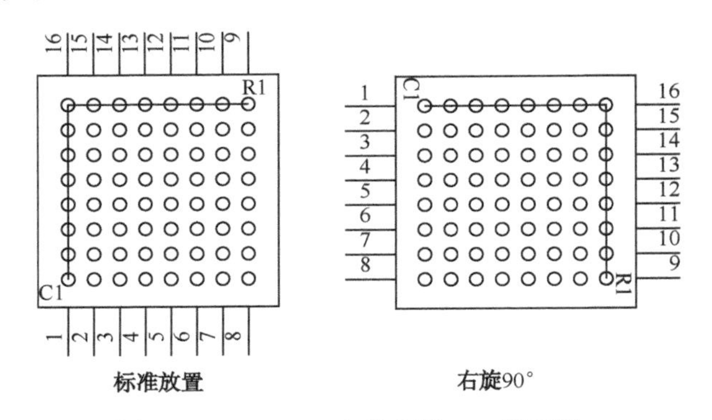

图 4-56　8×8 LED 点阵右旋 90° 示意图 1

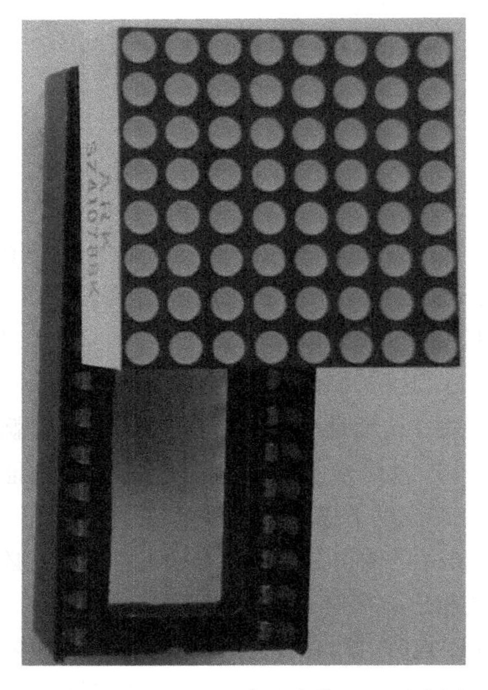

图 4-57　8×8 LED 点阵右旋 90° 示意图 2

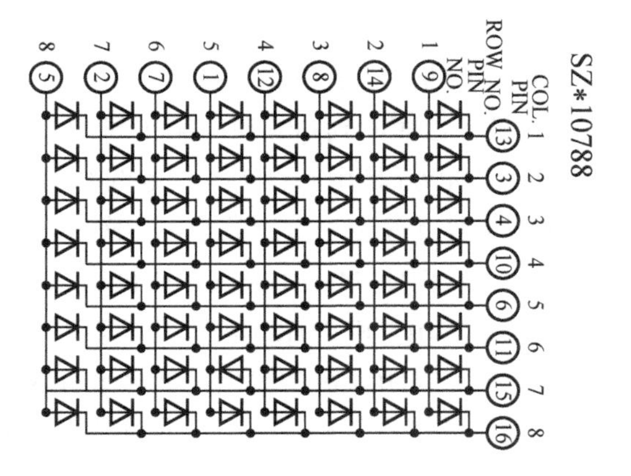

图 4-58　8×8 LED 点阵右旋 90° 示意图 3

首先需要注意，这种改变，最主要是改变了行列引线的正负极性，改变后的行引线实际上是原来的列引线，原来的列引线接的是二极管负极，必须接电源的负极。同样，改变后的列引

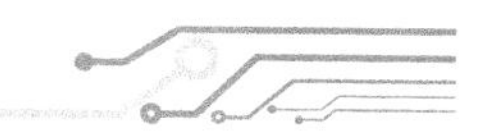

线实际上是原来的行引线，原来的行引线接的是二极管的正极，必须接电源的正极。由此可知，原本是“行正列负”的 LED 点阵，顺时针旋转 90° 使用，就变成了“行负列正”的 LED 点阵。从而满足了 CD4017 和 74HC138 的驱动电平的极性要求。

其次，还必须理出顺时针旋转 90° 后，所得到的行序号与原来的列序号、所得到的列序号与原来的行序号间的对应关系。

先看现在的行怎样对应。由图 4-55、图 4-56 可知，现在（顺时针旋转 90° 后，下同）的第 1 行，就是原来的第 1 列（第 13 脚），因此，74HC138 的 Y0 输出脚，应连到 SZ410788K 的第 13 脚；现在的第 2 行，就是原来的第 2 列（第 3 脚），因此，74HC138 的 Y1 输出脚，应连到 SZ410788K 的第 3 脚；其余类推。

再看现在的列又怎样对应。由图 4-55、图 4-56 可知，现在（顺时针旋转 90° 后，下同）的第 1 列，就是原来的第 8 行（第 5 脚），因此，CD4017 的 Q0 输出脚，应连到 SZ410788K 的第 5 脚；现在的第 2 列，就是原来的第 7 行（第 2 脚），因此，CD4017 的 Q1 输出脚，应连到 SZ410788K 的第 2 脚；其余类推。

另外，CD4060 的复位端 R（第 12 脚）上接有下拉电阻和上充电容，用来实现 CD4060 的加电复位。

把图 4-55 所示电路中的所有元件全部焊接安装在一块 9cm × 7.5cm 的万用电路板上。图 4-59 为实训电路板的元件定位图，图 4-60 为实训电路板的焊接布线图。

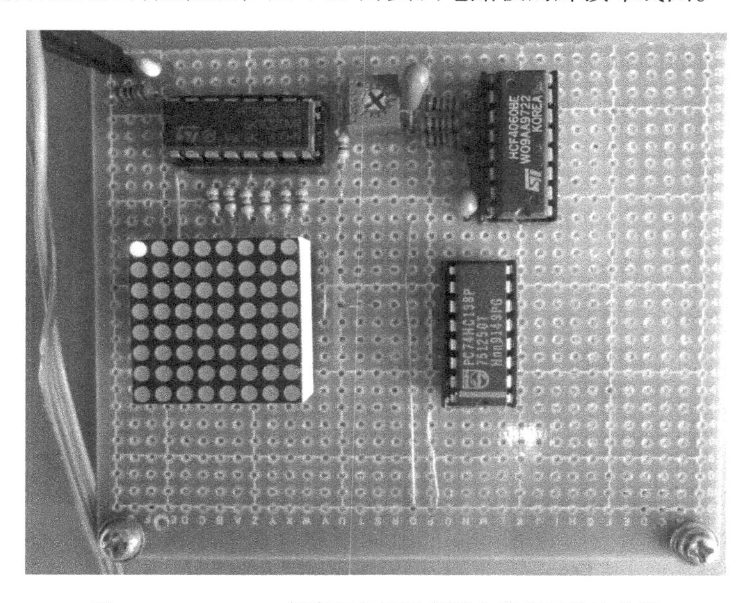

图 4-59　8×8 LED 点阵逐点显示实训电路板元件定位图

在图 4-59 所示的实训电路板上，位于左上方的 IC 芯片是 CD4017，位于右上方的 IC 芯片是 CD4060，位于下方的 IC 芯片是 74HC138。两个电解电容，上面的为方波振荡器的定时电容，下面的为复位电容。

图 4-60　8×8 LED 点阵逐点显示实训电路板焊接布线图

4.12.3　8×8 LED 点阵逐点显示实训的功能验证步骤

8×8 LED 点阵的逐点显示实训电路的功能验证步骤如下。

（1）给验证电路板通上 5V 工作电源，发光二极管 D 点亮则通电有效。

（2）观察 8×8 LED 点阵逐点驱动显示的效果，调节振荡周期，观察调节效果。

（3）多次断电后再加电，注意观察列驱动与行驱动的相互衔接性能。

小　结　4

（1）时序逻辑电路的特点：电路的输出不仅与该时刻的输入有关，而且与电路在此刻以前的状态有关，即电路有记忆功能。时序逻辑电路简称时序电路。

（2）时序逻辑电路的种类：触发器、移位寄存器和计数器。

（3）触发器：触发器具有两个状态（即 0 态和`1 态），能在外界信号触发下，从一个状态跳变为另一个状态。触发器的状态由它的 Q 输出端的值来定义，Q=1 称为触发器的 1 态，Q=0 称为触发器的 0 态。触发器具有记忆功能。触发器是组成时序电路的基本单元。

（4）复位：使时序电路中所有触发器为 0 态的操作称为复位。需要时钟信号的支持才能实现的复位称为同步复位，与时钟信号无关的复位称为异步复位。

（5）同步时序电路：时序电路中所有触发器的翻转同时进行的时序电路，称为同步时序电路。

（6）异步时序电路：时序电路中所有触发器的翻转不同时进行的时序电路，称为异步时序电路。

（7）74HC192 是同步计数器，74HC393 是异步计数器。

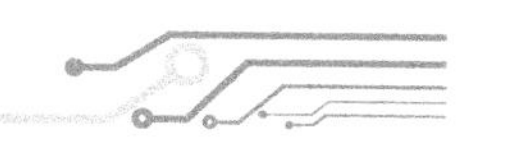

习　题　4

1. RS 触发器中的“R”端的逻辑功能是将 RS 触发器________；“S”端的逻辑功能是将 RS 触发____________；只要$\overline{R}$=0，$\overline{S}$=1，RS 触发器必定为 ________；只要$\overline{R}$=1，$\overline{S}$=0，RS 触发器必定为 ________；使 RS 触发器为保持状态的$\overline{R}$=____，$\overline{S}$=____；RS 触发器不允许$\overline{R}$=____，$\overline{S}$=____。

2. 74HC74 D 触发器具有独立的______端和_________端，在 CP 脉冲的上升沿作用下，在__________ 端上的信息相应地被传输到_____________端。

3. 从 74HC109 的功能表可知，当 J=__，K=___，在 CP 脉冲的上升沿作用下，JK 触发器被置 0；当 J=__，K=___，在 CP 脉冲的上升沿作用下，JK 触发器被置 1；当 J=__，K=___，在 CP 脉冲的上升沿作用下，JK 触发器翻转；当 J=__，K=___，在 CP 脉冲的上升沿作用下，JK 触发器保持原态。

4. 单稳态触发器的特点是有一个_____和一个_________。在外加脉冲触发下，电路由___________翻转到_____________，一定时间后自动返回到 ____ 。其________时间（称为脉宽）与外加触发脉冲无关，仅取决于单稳态电路本身的参数。

5. 重触发单稳态触发器是指在______________能接收__________，重新开始暂稳态过程。非重触发单稳态触发器是指在___________不接收新触发脉冲，只能返回________后接收。

6. 74HC573 有两个控制输入端。OE 是低电平有效的_______________端， LE 是低电平有效的____________端。当 OE 为____电平、LE 为_____电平时，8 个 Q 输出端上输出的是 8 个 D 输入端的对应数据；当 LE 变为______电平后，8 个 Q 输出端上的数据就被锁存下来，即不会因 8 个 D 输入端的信息变化而变化。

7. CD4017 的基本功能是________________，CD4015 的基本功能是________________，74HC194 的基本功能是_______________________________，74HC393 的基本功能是___________________。

8. 74HC192 的基本功能是_____________________________。其 PE 端从 1 电平变为 0 电平，就把_________________端的值装入计数器。正常计数时，PE 端必须为______ 电平。多位级联计数时，要把低位的 CO 端和 BO 端分别与高位的______端和_______端相连。把最低位计数器的_____端接 1 电平，_____端接 CP 时钟信号，计数器就进行减法计数。

第5章 模/数转换、数/模转换实训

5.1 ADC0809 模/数转换实训

A/D 转换器芯片的品种很多，按转换位数可分为 8 位、10 位、12 位、14 位和 16 位，按转换原理又可分为计数式 A/D、双积分式 A/D、并行式 A/D 和逐次逼近式 A/D。ADC0809 是一种 8 路模拟输入的 8 位逐次逼近式 A/D 转换器芯片。

5.1.1 ADC0809 的引脚排列图和内部结构图

ADC0809 的引脚排列图如图 5-1 所示，内部结构图如图 5-2 所示。

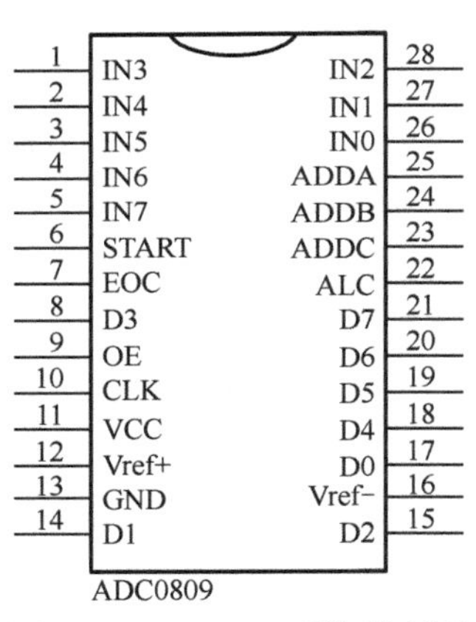

图 5-1 ADC0809 引脚排列图

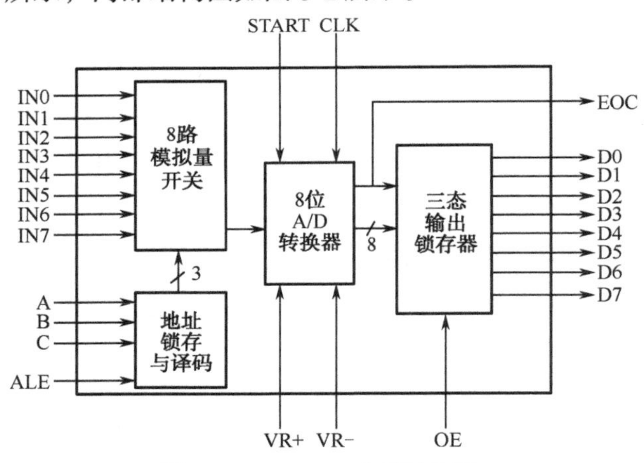

图 5-2 ADC0809 内部结构图

由图 5-2 可知，ADC0809 内部除 8 位 A/D 转换电路外，还有一个 8 路模拟量开关，其作用是根据地址译码信号来选通其中一路模拟信号，共用一个 A/D 转换器来进行转换。这是一种经济的多路模拟数据转换方式。转换的结果用三态输出锁存器输出，因此可以直接与系统数据总线相连。

ADC0809 采用双列直插式 28 脚封装，其引脚功能说明如下。

IN0~IN7：8 路模拟量输入。

ADDA、ADDB、ADDC：8 模拟输入通道地址选择线，ADDA 为地址线低位，ADDC 为

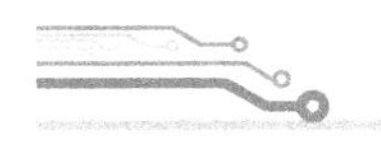
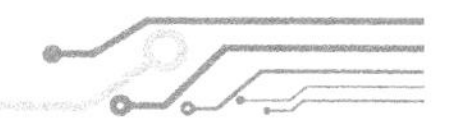

地址线高位，其 3 位编码分别对应 IN0~IN7。

ALE：地址锁存允许信号，由低电平至高电平的上升沿将通道地址锁存至地址锁存器。

START：A/D 转换启动信号，其上升沿将内部逐次逼近寄存器清 0，下降沿启动 A/D 转换。

EOC：转换结束信号，可作为 A/D 转换结束的查询信号或中断请求信号。

OE：输出允许信号，当 OE 端输入高电平信号时，三态输出锁存器将 A/D 转换结果输出。

CLK：外部时钟输入，要求频率范围为 10~1280kHz。

Vref+、Vref−：正负基准电压输入端，作为逐次逼近的基准。基准电压的中心值即（Vref++Vref−）/2 应接近 VCC/2。其典型值为 Vref+=+5V，Vref−=0V。此时允许的模拟量输入范围是 0~5V。

ADC0809 是典型的中速廉价型产品，片内有三态数据输出锁存器，可直接接在数据总线上。片内有 8 路模拟量选通开关及相应的通道地址锁存译码电路，能实现 8 路模拟信号的分时采集。其 A/D 转换时间约为 100μs。

5.1.2　ADC0809 实训电路图和实训电路板

ADC0809 的功能验证电路设计主要考虑以下几点：

（1）只使用一个通道，其模拟量用电位器调节；

（2）8 位转换输出端用 LED 发光管作为输出 0 电平或 1 电平的指示；

（3）用 CD4060 产生 ADC0809 数模转换所需的 CLK、START 和 ALE 这三个信号。

根据上面三点考虑，结合 ADC0809 的引脚功能，可得到 ADC0809 的功能验证电路，如图 5-3 所示。

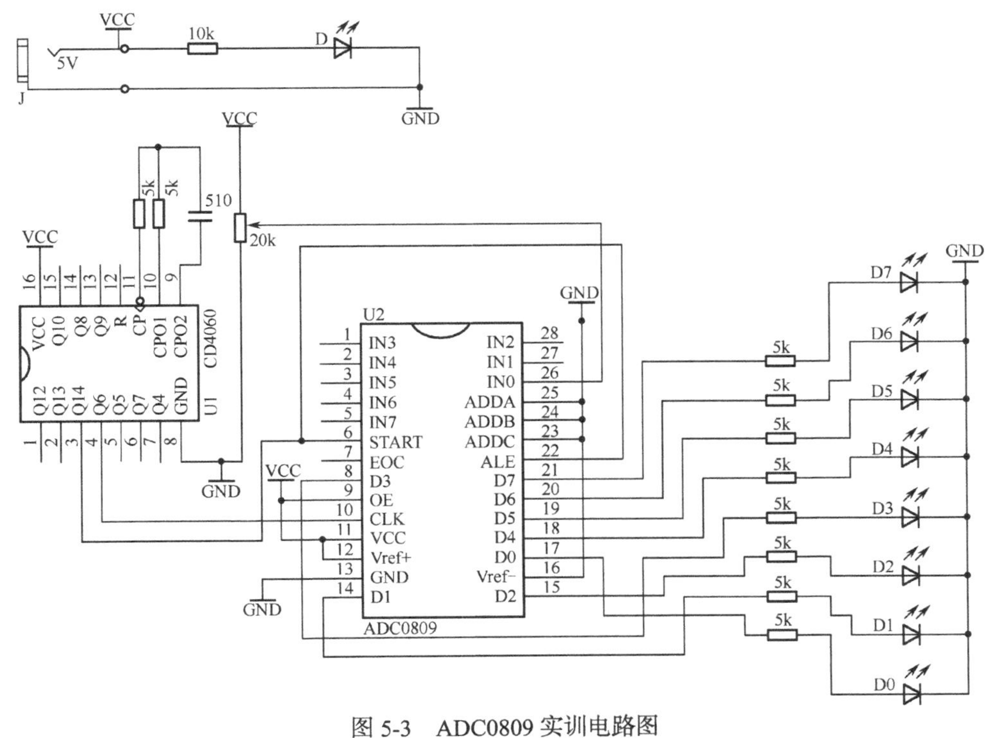

图 5-3　ADC0809 实训电路图

把图 5-3 所示电路中的所有元件全部焊接安装在一块 9cm×7.5cm 的万用电路板上。图 5-4 为实训电路板的元件定位图，图 5-5 为实训电路板的焊接布线图。

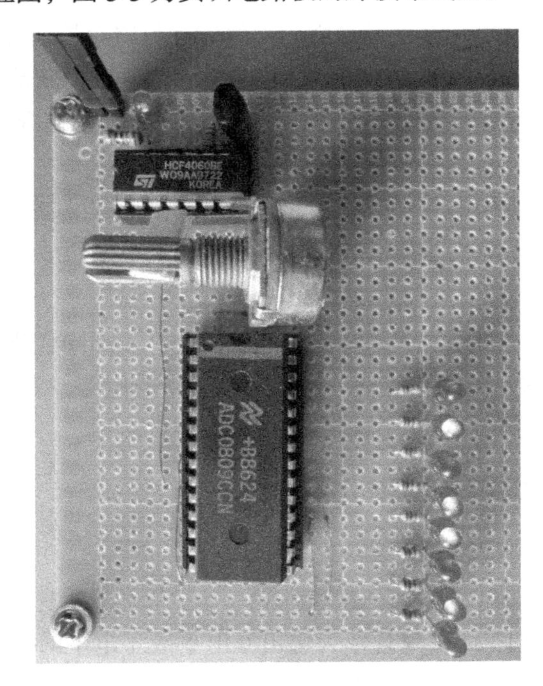

图 5-4　ADC0809 实训电路板元件定位图

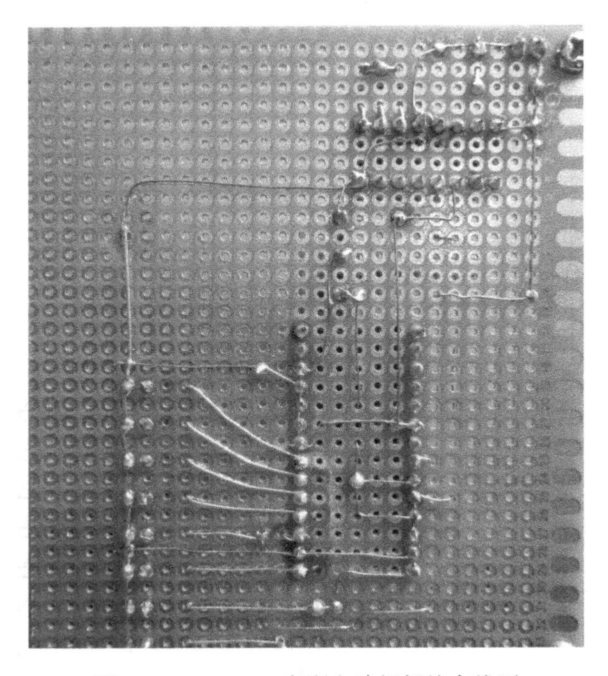

图 5-5　ADC0809 实训电路板焊接布线图

5.1.3　ADC0809 模/数转换功能验证步骤

ADC0809 功能验证电路的功能验证步骤如下。

（1）给验证电路板通上 5V 工作电源，发光二极管 D 点亮则通电有效。

（2）调节电位节以改变输入模拟量的大小，观察输出端发光管呈二进制计数变化的特点。

（3）观察和调节一次电位器调整角度，记录一次 8 位 LED 发光管所代表的 8 位二进制数。须调节和观察多次。

5.2　DAC0832 数/模转换实训

5.2.1　数/模转换器 DAC0832 的引脚排列图和内部结构图

DAC0832 的引脚排列如图 5-6 所示，其内部结构如图 5-7 所示。

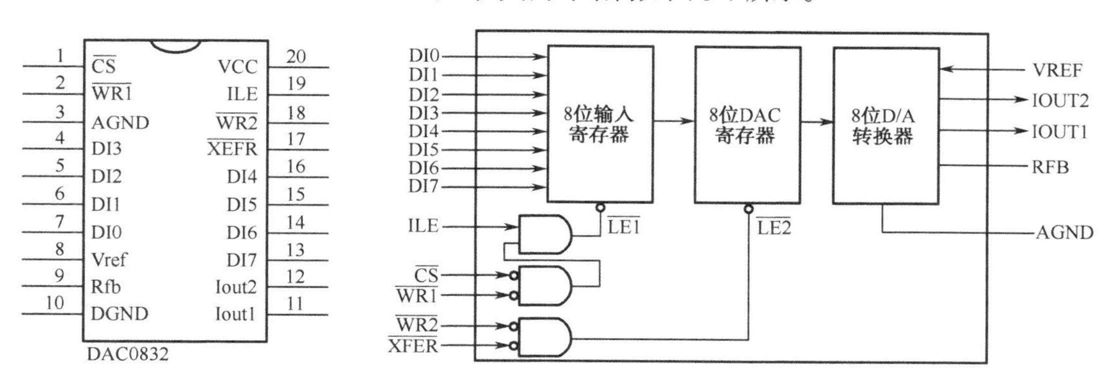

图 5-6　DAC0832 的引脚排列图　　　　图 5-7　DAC0832 内部结构图

DAC0832 数模转换器芯片采用双列直插式 20 引脚封装，各引脚功能说明如下。

DI0~DI7：8 位数据输入端，TTL 电平，有效时间大于 90ns。

CS：片选信号输入端，低电平有效。

ILE：数据锁存允许信号输入端，高电平有效。

WR1：输入锁存器写选通信号输入端，低电平有效。

XFER：数据传送控制信号输入端，低电平有效。

WR2：DAC 寄存器写选通信号输入端，低电平有效。

Iout1：模拟电流输出端 1。

Iout2：模拟电流输出端 2。DAC 转换器的特点之一是 Iout1+Iout2=常数。

Rfb：返馈电阻输入端。转换输出接运算放大器时用。

Vref：基准电压输入端，可正可负，其范围是-10V~+10V。

VCC：电源输入端。

DGND：数字信号地。

AGND：模拟信号地。

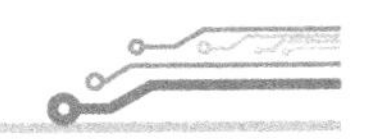

从 DAC0832 的内部结构图（图 5-7）可知，DAC0832 由输入寄存器和 DAC 寄存器构成两级数据输入锁存。因此，工作时可有三种工作方式：数据输入采用两级锁存，数据输入一级锁存、一级直通，数据输入两级直通。

5.2.2 DAC0832 实训电路图和实训电路板

数模转换器 DAC0832 的功能验证电路设计中有三点考虑：

（1）为使电路简单，特选用 DAC0832 的两级直通工作方式，这就是将 CS、WR1、XFER、WR2 四引脚接地，将 ILE 引脚接 VCC；

（2）在 DI0~DI7 这 8 位数据输入端上加接可取 1 电平或 0 电平的拔码开关，并用 LED 元件作为电平指示，即用二进制数的形式来尽可能直观显示数字量；

（3）在模拟电流输出端加一级负载作为 LED 的电流放大电路，以增强 LED 二极管的发光显示效果，也就是用 LED 发光管的发光强度来表示数/模转换所得模拟量的大小。

由此考虑而设计出的 DAC0832 功能验证电路如图 5-8 所示。

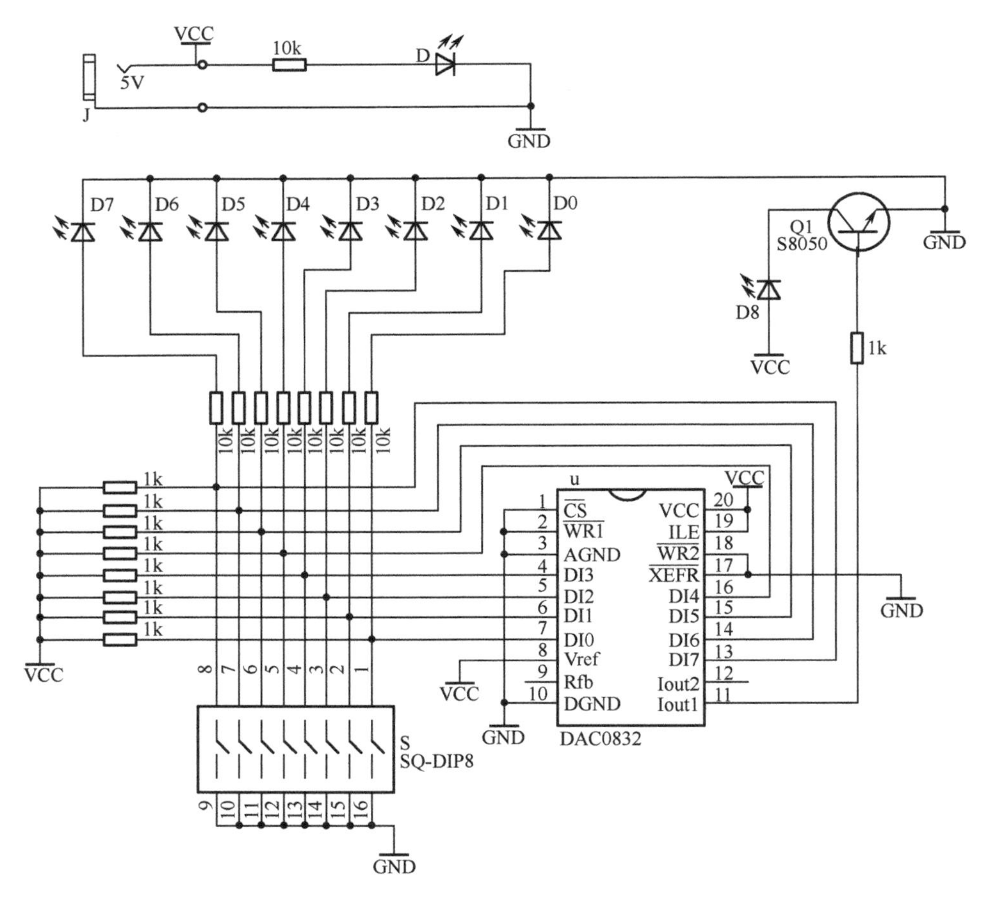

图 5-8 DAC0832 实训电路图

把图 5-8 所示 DAC0832 实训电路中的所有元件全部焊接安装在一块 9cm × 7.5cm 的万用电路板上。图 5-9 为实训电路板的元件定位图，图 5-10 为实训电路板的焊接布线图。

图 5-9　DAC0832 实训电路板元件定位图

图 5-10　DAC0832 实训电路板焊接布线图

在图 5-9 所示的实训电路板上，左边 8 个小 LED 二极管用来表示待转换的 8 位数字量，右边的大 LED 发光管用亮度来表示转换所得模拟量的大小。

5.2.3 DAC0832 数/模转换功能验证步骤

DAC0832 功能验证电路的功能验证步骤如下。

（1）给验证电路板通上 5V 工作电源，发光二极管 D 点亮则通电有效。

（2）将待转换的 8 位数字量设置为 00000000（8 位拨码开关全位于 ON），大发光二极管熄。

（3）将待转换的 8 位数字量设置为 00000001（最低位拨码开关断开），观察大发光二极管亮度变化。

（4）将待转换的 8 位数字量设置为 00000011（最低两位拨码开关断开），观察大发光二极管亮度变化。

（5）将待转换的 8 位数字量设置为 00000111（最低三位拨码开关断开），观察大发光二极管亮度变化。

（6）按上面几步的规律和方法，继续往下进行验证。

小　结　5

模拟量转换成数字量的过程称为模/数转换，简称 A/D，把完成模/数转换的器件简称为 A/D 转换器或 ADC。ADC0809 是最常用的模/数转换 IC。

数字量转化成模拟量的过程称为数/模转换，简称 D/A，把完成数/模转换的器件称为 D/A 转换器或 DAC。DAC0832 是最常用的数/模转换 IC。

习　题　5

1. ADC0809 是支持______路模拟量输入的_____位 A/D 转换器芯片。待转换的模拟量应接在其________________引脚上，转换所得的数字量从__________________引脚上输出。

2. ADC0809 一共有三条地址线 ADDA、ADDB 和 ADDC，其中___________为地址线高位，________为地址线低位。当把 ADDA 和 ADDC 接+5V，把 ADDB 接地时，模拟信号应接在_________引脚上。

3. ADC0809 的 ALE 引脚是_______________信号，START 引脚是_______________信号，EOC 引脚是______________信号，引脚 Vref+、Vref−是____________________输入端。

4. 从 DAC0832 内部结构图可知，DAC0832 由_____________，_____________构成两级数据输入锁存，因此，工作时有三种方式_____________________________________和_________________________________及_____________________________________。

5. DAC0832 有______数据输入端，两个模拟电流输出端_____________和_____________，DAC 转换器的特点之一是________________+_____________=常数。

第 6 章

半导体存储器读写实训

本章所安排的对只读存储器的编程实训，采用的是手工编程模式，即不使用任何微处理器指令，只要加上地址信息、数据信息、编程电压和编程脉冲，就可完成对一个地址单元的数据写入。能被手工模式编程的只读存储器主要是 27 系列和 28 系列。需要指出的是，对 29 系列的只读存储器是不能用这种手工方式编程的。

对只读存储器 W27C512 的编程和对随机存储器 HM6264 的读写是本章实训的基本任务，其余可作为选学内容。

6.1 半导体存储器简介

半导体存储器是用来存储大量二进制数据的大规模集成电路，主要应用在电子计算机设备和工业自动化设备中。

半导体存储器分为两大类。一类称为只读存储器（ROM），另一类称为随机存储器（RAM）。

只读存器是要预先把数据写入存储器芯片，断电后数据不会丢失，在正常运作时只能从存储器中读取数据的存储器。只读存储器主要用来存储系统中重要的指令或数据，可保证数据不被修改，例如 PC 中的 BIOS（基本输入输出系统）芯片。

随机存储器是在正常运作时既可把数据写入存储器，又可从该存储器芯片中读取其被写数据，断电后数据全部消失的存储器。随机存储器用在数据需要现写、现读、现改的工作场合。

ROM（只读存储器）可分为掩膜 ROM、PROM、EPROM、EEPROM 等。掩膜 ROM 是由用户将只读数据交厂家进行生产，生产周期长，且厂家交货后用户自己不能做任何修改；PROM 完全由用户按需要自行对其编程（写入数据），但 PROM 的编程是一次性的，即不能修改已编程的数据；EPROM 也是完全由用户自行编程，而且编程后还可擦除而重新使用，擦除是整块芯片的行为，即不能部分地擦除。擦除是用紫外线来照射其玻璃窗口下的内部硅片，时间为 5～20min，擦除与编程可重复进行多次；EEPROM 是可电擦除的 EPROM，既可按指定位置擦除，也可擦除整个芯片。

RAM（随机存储器）可分为 SRAM（静态随机存储器）和 DRAM（动态随机存储器）。SRAM 的特点是容量小，但使用比较方便；DRAM 容量大但使用上还须定时刷新。

数据在各种存储器中都是以字节（Byte）为单位来进行存储的。1字节为8位（bit）二进制数，简称为1B。每字节都要占用一定的物理空间，技术上把每字节占的空间称为存储单元。在一块存储器集成电路中，这种存储单元有着成千上万或更多个。为了能在成千上万个存储单元中，准确无误地调度任一个存储单元，需要对所有存储单元进行地址编号。存储单元的地址编号采用二进制计数原理。假设有甲、乙两个存储单元，可用一根地址线A0来为这两个单元确定地址。把A0地址线接0电平，作为甲的地址，而把A0地址线接1电平，就作为乙的地址。假设有甲、乙、丙、丁四个存储单元，可用A1、A0两根地址线来为四个存储单元确定地址。把A1、A0都加0电平，作为甲的地址；把A1加0电平，A0加1电平作为乙的地址；把A1加1电平，A0加0电平作为丙的地址；把A1、A0都加1电平，作为丁的地址；以此类推。一般地，若一存储器集成电路有n根地址线，则该存储器有2^n个存储单元。当n=10时，存储器就有2^{10}个，也就是1024个存储单元，这个存储器的容量就为1024B（字节），简写为1KB。

半导体存储器的基本结构如图6-1所示。

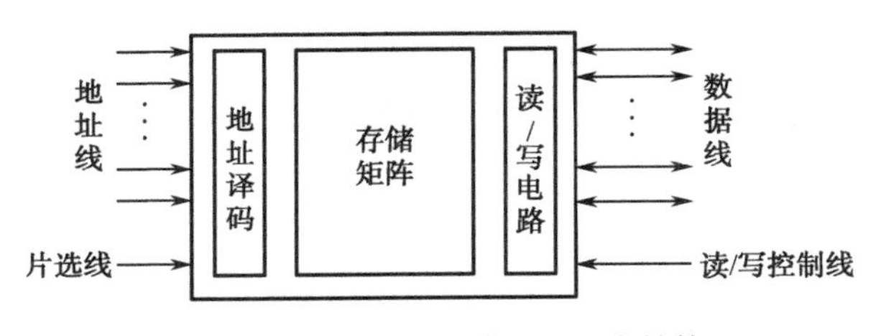

图6-1　半导体存储器的基本结构

半导体存储器应用能力的主要要求，就是要掌握它的对外特性和读写方法。对外特性就是它的引脚功能。由图6-1可知，它通过片选线、地址线、数据线和读写控制线与外电路连接。

片选线一般用字母“CE”或“CS”表示，当片选线无效时，数据线等相当于与电路断开。当片选线有效时，存储器芯片才处于工作状态。当电路中接有多片存储器芯片时，系统就能用片选线来从多个存储器芯片中，选出一个来进行读写操作。

地址线一般用字母A加数字下标来表示，系统用地址线来指定所需要的存储单元。地址线位数与存储器容量直接相关，多一条地址线，就多一倍的存储容量。

数据线一般用字母D加数字下标来表示，数据线是双向的。读存储器时，数据从芯片内输出到外电路；当写存储器时，数据从外电路进入存储器芯片。通用存储器芯片的数据线一般为8位。

读控制线一般用OE表示，当OE有效时，指定地址单元中存储的数据就输出到数据线上供读；当OE无效时，数据线上的外部数据就进入存储器而等待。

写控制线一般用WE表示，当WE有效时，外电路加在数据线上的数据就写入存储器地址线所确定的存储单元。

半导体存储器的读写方法，将在6.2节～6.6节中详细介绍。关于半导体存储器的存储原理和内部结构，因篇幅有限，在此从略。

6.2　W27C512 电擦除 EPROM 编程和擦除实训

6.2.1　W27C512 的外引脚排列图和使用简介

W27C512 的外引脚排列如图 6-2 所示，实物如图 6-3 所示。

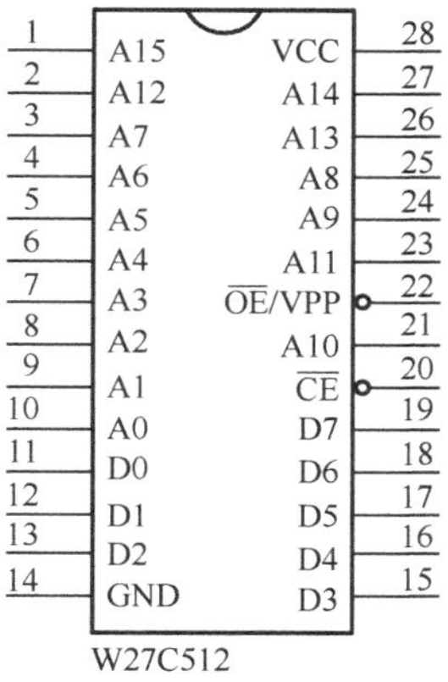

引脚	名称	名称	引脚
1	A15	VCC	28
2	A12	A14	27
3	A7	A13	26
4	A6	A8	25
5	A5	A9	24
6	A4	A11	23
7	A3	$\overline{OE}$/VPP	22
8	A2	A10	21
9	A1	$\overline{CE}$	20
10	A0	D7	19
11	D0	D6	18
12	D1	D5	17
13	D2	D4	16
14	GND	D3	15

W27C512

图 6-2　W27C512 引脚图

图 6-3　W27C512 实物图

W27C512 存储器的工作模式主要有三种：读取数据、写入数据、擦除数据。

1. 读取数据

要从 W27C512 中读取数据，首先要让其片选端和输出使能端有效，即 CE 引脚和 OE 引脚均为低电平，其次通过 16 条地址线上的电平设置（设定地址码）确定所要读出数据的那一地址单元，此后，数据线 D0~D7 上出现这个存储器单元所存储的那 1 字节数据；若改变这 16 条地址线上的电平设置（改变地址），数据线 D0~D7 上就出现改变后了的存储器单元所存储的 1 字节数据。

2. 写入数据

要把一字节数据写入 W27C512，首先要在 16 条地址线上设定地址，在 D0~D7 这 8 条数据线上设定写入数据，同时将 CE 引脚设置为高电平，然后再把 12V 的编程电压 VPP 加在编程电压引脚（第 22 引脚，与 OE 端分时合用），然后将片选端 CE 上加一负脉冲（即从 1 电平变为 0 电平再快速变为 1 电平）。数据线 D0~D7 上的数据就被写入芯片内的存储单元了。

需要说明，对 W27C512 数据写入时必须保证相应的地址单元中的 8bit 数据全为“1”，也就是说，对 W27C512 只能将“1”写为“0”，而不能将“0”写为“1”。刚买来的新 W27C512 的 65536 × 8bit 位全为“1”。

3. 擦除数据

对 W27C512 进行数据擦除是对整个芯片施加的操作，擦除数据就是将芯片中的所有 bit

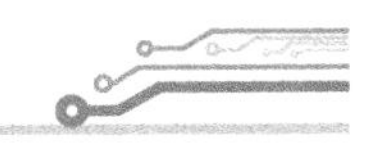

位中的“0”擦成“1”，以便重新写入数据。W27C512 的整片擦除方法是：将 CE 引脚设置为高电平，然后再把 14V 的擦除电压 VPE 加在编程电压引脚（第 22 引脚，与 OE 端分时合用）上，引脚 A9（第 24 脚）也接 14V 的擦除电压 VPE，引脚 A0 必须接低电平，其余各地址端和数据端接高电平或低电平，此后，将片选端 CE 上加一负脉冲（30ms），就可将所有 bit 位中的 0 改变为 1。

6.2.2 W27C512 的手工编程器电路图设计和实训电路板

根据上面所说的三种工作模式，就可以完成 W27C512 的功能验证电路设计。为了突出这个电路对 W27C512 只读存储器的编程功能，我们称这个电路板为 W27C512 手工编程器。所谓手工编程，特指只读存储器编程操作中，全都是用手拨动开关，来设置编程地址、编程数据和产生编程脉冲。利用这个手工编程器，可以进行 W27C512 的“读”、“写”、“擦”模式验证。此外，它还可完成 27 系列的 EPROM 存储器 27512、27256、27128 和 2764 的手工编程，28 系列的 2817A 和 2864 的手工编程以及随机存储器 HM6264 的手工编程。手工编程器电路如图 6-4 所示。

在图 6-4 所示电路中，左面的两个 8 位的拨码开关，用来设置存储器的编程地址，右边的这一个 8 位的拨码开关，用来设置存储器的编程数据，当要从存储器读出数据时，这只拨码开关的 8 位子开关要全部断开。图中的 28 脚芯片，是被编程的只读存储器；图中的 74HC573，用来输出拨码开关所设置的编程数据或输出 W27C512 存储单元中的存储数据。图中的 74HC221，用来构成两个单稳态电路，这里还将这两个单稳态串联使来使用，主要是用来形成较可靠的只读存储器编程脉冲。

在图 6-4 所示电路中，单刀双掷开关 T1，用来实现存储器芯片第 1 脚的接线切换，以适应 27256、27128 和 2764 的编程需要；单刀双掷开关 T2，用来实现存储器芯片第 24 脚的接线切换，以适应 W27C512 的编程需要；单刀双掷开关 T3，用来实现存储器芯片第 27 脚的接线切换，以适应 27128 和 6264 等的编程需要；单刀双掷开关 T4，用来实现存储器芯片第 20 脚的接线切换，以适应存储器的读写转换；单刀双掷开关 T5 和单刀双掷开关 T5’合成一个单刀三掷开关，用来实现存储器芯片第 22 脚的接线切换，以适应存储器的读写需要。但在手工编程器电路板上，都不使用开关器件，而使用针座式接插电极，加用短接帽或杜邦线来实现接线的切换。

手工编程器需要两组电源，一组为+5V，主要供各 IC 芯片作为 VCC 电源；另一组为 16V，用三端集成稳压 7812 加 3 个二极管和两个短接开关，以构成 12V、12.5V 和 14V 输出。三个二极管上接有两个短接开关。三个二极管全被短路时，稳压输出为 12V，用于 W27C512 的编程；三个二极管全部被正常串联时，稳压输出为 14V，用于 W27C512 的擦除。用 K3 短路两个二极管时，稳压输出为 12.5V，用于 27 系列 EPROM 的编程。

把图 6-4 所示电路中的所有元件全部焊接安装在一块 9cm × 15cm 的万用电路板上。图 6-5 为实训电路板的元件定位图，图 6-6 为实训电路板的焊接布线图。

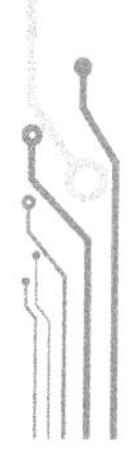

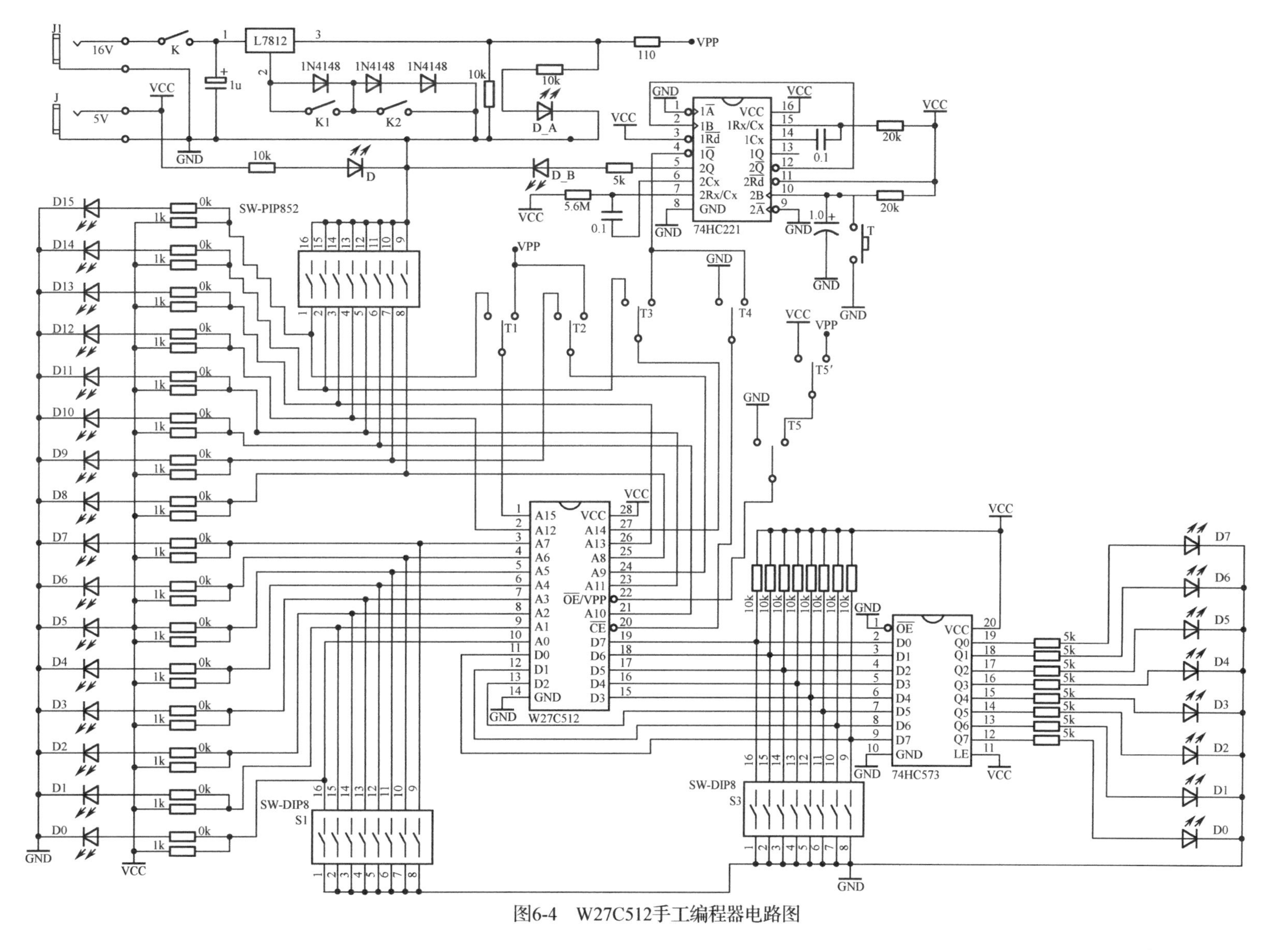

图6-4　W27C512手工编程器电路图

图 6-5 手工编程器实训电路板的元件定位图

在图 6-5 所示的元件布局定位电路板上，左上角为 5V 电源的插座和开关及电源指示灯。右上角为 16V 电源的插针及开关。右上角是三端稳压集成块 7812 和用于垫高 7812 稳压输出的三个 1N4148 二极管及调整垫高的短接开关。左边的 16 个 LED 发光二极管用来显示所设置的地址数据，右边下方的 8 个 LED 二极管用来显示拨码开关所设置的编程数据或 W27C512 存储单元中的存储数据。为方便插入及取下存储器芯片，使用了带锁的 28P 插座。由于 W27C512 在擦除模式时 A9（第 24 脚）、CE（第 20 脚）、OE/VPP（第 22 脚）须做特殊设置，因此这几只引脚的连线要使用插针座的形式以便于变动。另外，为了让手工编程器能验证 27 系列、28 系列和 HM6264 等存储器的读写操作，还要把第 1 脚、第 27 脚引线连接也用插针座的形式处理成便于变动的形式。74HC221 左面的那只 LED 二极管，用来指示 74HC221 产生的存储器编程脉冲。74HC221 右边的无锁按键开关，用来触发第 1 级单稳电路，并用第 2 级单稳电路的暂稳态脉冲作为编程脉冲，为叙述方便，可把这个按键开关称为编程键。在单稳态触发开关上面的那一只 LED 发光管，用做编程电压指示，其发光则说明编程电压已加载。

注意，在图 6-5 所示的元件布局定位电路板上，在编程器上方用杜邦线短接的插针座，为 28P 插座上地址线 A9（第 24 脚）的连线电极，可让 28P 插座上第 24 脚的连线，可在地址线 A9 与编程电压 VPP 两者间变换。

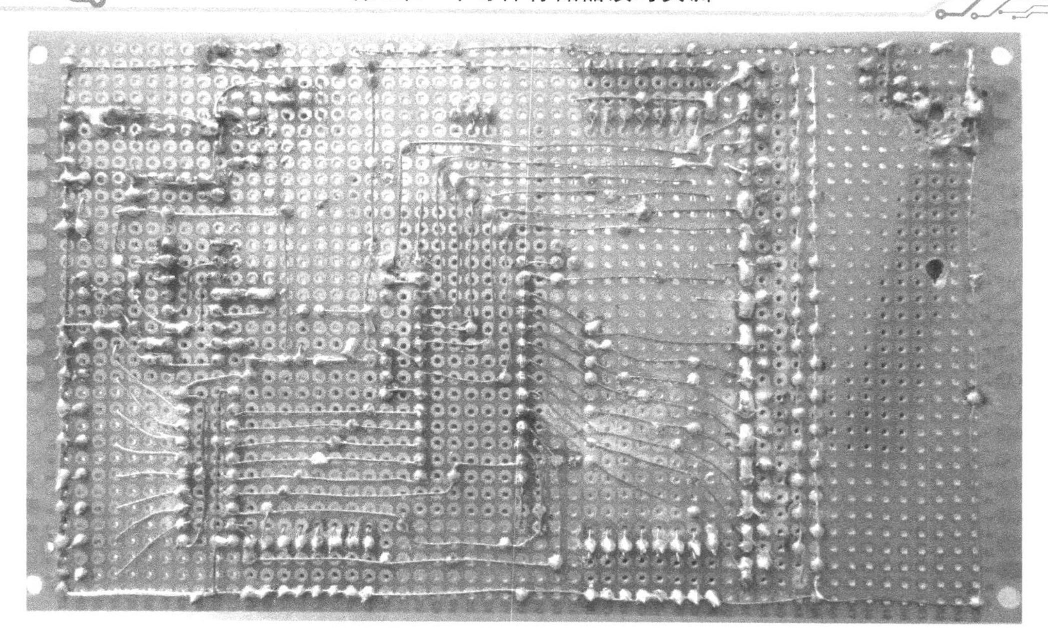

图 6-6　手工编程器实训电路板的焊接布线图

6.2.3　W27C512 的手工编程步骤

W27C512 的手工编程步骤如下。

（1）给手工编程器加上 5V 电源，电源指示灯亮则加电有效。

（2）检查 W27C512 是否为新片。

将 CE、OE 两引脚接低电平，A9 接其地址线，将编程数据设置拨码开关全部断开，此时为存储器数据输出显示状态，8 个 LED 数据指示灯若全亮，再任意改变几次地址设置，每个地址单元的数据输出都使 8 位数据指示灯全亮，则为新片。

（3）将数据写入 W27C512（以写入 2 字节为例）。

编程准备。断开 5V 电源，将垫高稳压输出的三个二极管全部短接，使稳压输出为 12V。将 CE 引脚改接单稳态输出端，OE/VPP 改接 12V 稳压输出，先只接通 5V 电源。

① 对一个地址单元写入数据。通过两个拨码开关设置好指定的编程地址，再用第三个拨码开关，设置好编程数据，然后接通 16V 电源，编程电压指示灯亮后，按一下编程键，编程脉冲指示灯指示有效，再补按一下编程键，编程脉冲指示灯再次有效，此后，立即断开 16V 电源。

② 对另一个地址单元写入数据。通过两个拨码开关设置好指定的另一编程地址，再用第三个拨码开关，设置好编程数据，然后接通 16V 电源，编程电压指示灯亮后，按一下编程键，编程脉冲指示灯指示有效，再补按一下编程键，编程脉冲指示灯再次有效，此后，同样立即断开 16V 电源。

编程说明：对每一地址单元的写入过程完全相同；由于编程电压中串接了一个 110Ω的限流电阻，写入效率有所下降，有些单元需两次写入才能完成，为防止后来补写时的更多麻

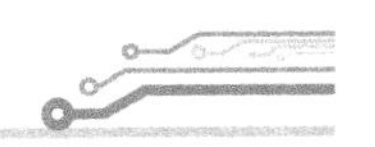

烦，每个地址单元在写入时都按两次编程键；对每个地址单元完成数据写入后，要立即断开16V电源，以防止在用拨码开关设置下一单元的存储地址和存储数据过程中可能产生的误写操作。

（4）从W27C512中读出数据

取下16V电源，保持5V电源接通。将第3只拨码开关的8个子开关全部断开，将CE引脚、OE引脚接地，将两个地址拨码开关设置成指定的单元地址，该单元中所存放的8bit数据立即对应出现在8个LED上。将地址拨码开关改设成另一单元的地址，另一单元中所存放的8bit数据也立即出现在8个LED上。为省篇幅，在此没有给出操作图示，可参见第7章图7-4～图7-7。

6.2.4 W27C512的整片擦除

前面已说明，对W27C512的写入操作，实际上只能把“1”写为“0”，而不能把“0”写成“1”。因此，需要更新W27C512中的存储数据时，先就要把W27C512中全部的“0”改变成“1”，这一操作称为芯片擦除。

W27C512的擦除步骤如下。

（1）先断开5V和16V电源，将稳压电路中的三只二极管上的两个开关全部断开（三个二极管全部串入稳压电路，垫高输出），使稳压输出为14V，将数据设置拨码开关全部断开，在28P锁紧座上插入写有数据的W27C512。

（2）将A0引脚对应的地址位设为0，将A9引脚从地址线上断开，改接于14V擦除电压端，将OE端改接于14V擦除电压端，将CE端接编程脉冲输出端，接通5V电源，几秒（待74HC221处于稳定状态）后，再接通16V电源，如图6-7所示。按下并释放编程按钮，然后迅速断开16V电源。

图6-7 W27C512擦除接线图

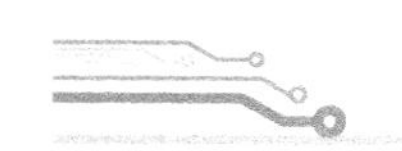

至此，擦除工作结束。将 A9 改接地址，将 OE、CE 端改接地，W27C512 进入读模式，数据指示灯应全亮，再任意改变几次地址设置，每个地址单元的数据输出都使得 8 位数据指示灯全亮，则擦除成功。

6.3　27 系列 EPROM 的手工编程实训

27 系列 EPROM 曾在很长时期内，作为通用存储器的主流产品系列，应用在以微处理器为中心的计算机系统中。与 W27C512 相比，不同之处在于芯片擦除方式。27 系列 EPROM 没有电擦除功能，只能采用紫外线擦除。图 6-8 是 27512、27256、27128 和 2764 的实物图。从图中可以看到，每块芯片中部都有一石英玻璃窗口。这个窗口的作用就是让紫外线得以照进芯片，以擦除每个地址单元中各数据位上的“0”信息（即照射成“1”信息）。因此，这种带玻璃窗口的系列存储器，在编程完成后，要用遮光胶纸贴住玻璃窗口，以防止信息被光照而消失。

图 6-9 中，从左至右分别是 27512、27256、27128 和 2764 的引脚排列图。

图 6-8　27512、27256、27128、2764 实物图

引脚	27512	27256	27128	2764	引脚	27512	27256	27128	2764
1	A15	VPP	VPP	VPP	28	VCC	VCC	VCC	VCC
2	A12	A12	A12	A12	27	A14	A14	PGM	PGM
3	A7	A7	A7	A7	26	A13	A13	A13	A13
4	A6	A6	A6	A6	25	A8	A8	A8	A8
5	A5	A5	A5	A5	24	A9	A9	A9	A9
6	A4	A4	A4	A4	23	A11	A11	A11	A11
7	A3	A3	A3	A3	22	$\overline{OE}$/VPP	$\overline{OE}$	$\overline{OE}$	$\overline{OE}$
8	A2	A2	A2	A2	21	A10	A10	A10	A10
9	A1	A1	A1	A1	20	$\overline{CE}$	$\overline{CE}$	$\overline{CE}$	$\overline{CE}$
10	A0	A0	A0	A0	19	D7	D7	D7	D7
11	D0	D0	D0	D0	18	D6	D6	D6	D6
12	D1	D1	D1	D1	17	D5	D5	D5	D5
13	D2	D2	D2	D2	16	D4	D4	D4	D4
14	GND	GND	GND	GND	15	D3	D3	D3	D3

图 6-9　27512、27256、27128、2764 引脚排列

6.3.1 27512 EPROM 的手工编程实训

从图 6-9 中 27512 的引脚排列图可知，27512 与 W27C512 的引脚排列完全相同，两者的编程方法也完全相同，编程电压也非常接近，W27C512 为 12V，27512 为 12.5V。下面我们用手工编程器对 27512 进行读写验证。

（1）先只给手工编程器加上 5V 电源，电源指示灯亮则加电有效。

（2）将数据设置拨码开关全部断开，将 CE、OE 均接地，观察 8 位数据显示灯，全亮，这是写入前的数据，如图 6-10 所示。这个单元地址在整个验证过程中保持不变。

图 6-10　27512 编程示意图一

（3）将垫高稳压输出的三个二极管中的两个短接，使稳压输出为 12.5V。将 CE 引脚改接单稳态输出端，OE/VPP 引脚改接 12.5V 稳压输出。

（4）设置编程数据为“01010101”，然后接通 16V 电源，如图 6-11 所示。编程电压指示灯亮后，按一下编程键，编程脉冲指示灯指示有效，此后，立即断开 16V 电源。

（5）将 CE、OE 两引脚改回接地，再将数据设置拨码开关全部断开，此时，观察 8 位数据指示灯显示为“01010101”，如图 6-12 所示。

这就完成了一个单元的数据写入。27512 的擦除需要使用紫外线灯来照射，具体过程从略。

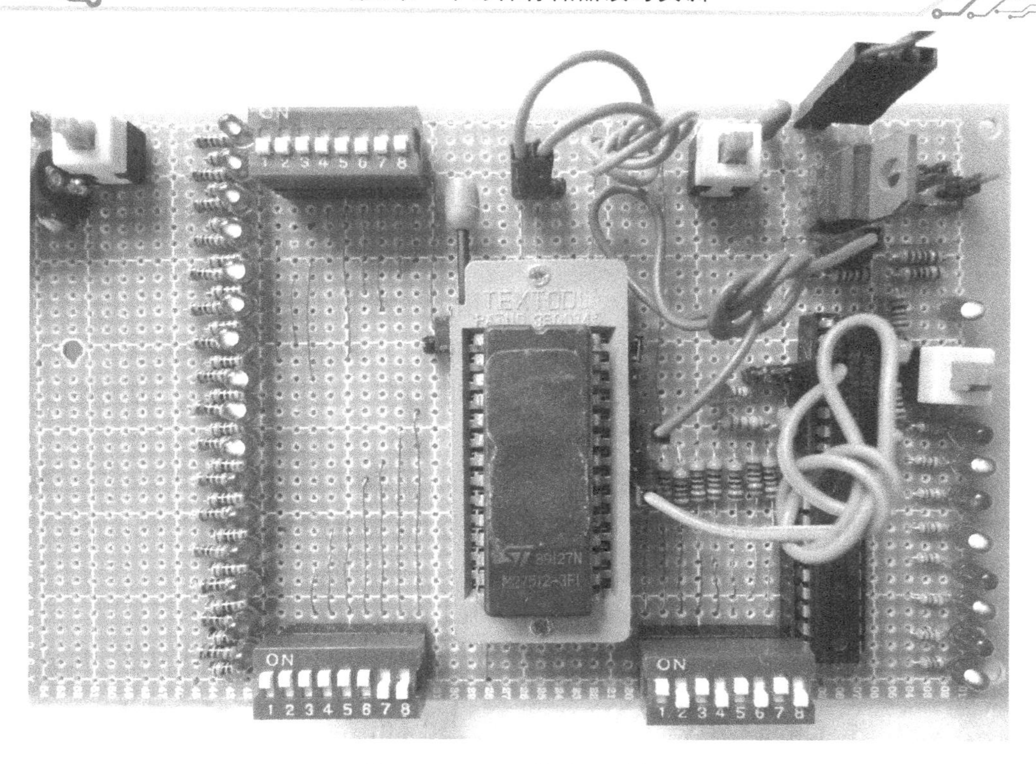

图 6-11 27512 编程示意图二

图 6-12 27512 编程示意图三

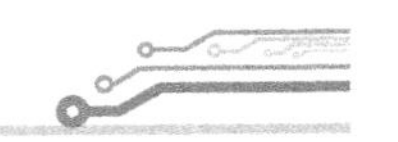

6.3.2 27256 EPROM 的手工编程实训

27256 的引脚排列如图 6-9 中的左起第二个图所示。由 27256 的引脚排列图可知，27256 的引脚排列被 27512 的引脚排列兼容，27256 只有 15 根地址线，因此它的第 1 脚成为编程电压 VPP 输入端，该 VPP 也为 12.5V，27256 的编程方法与 27512 完全相同，下面我们用手工编程器对 27256 进行读写验证。

（1）先只给手工编程器加上 5V 电源，电源指示灯亮则加电有效。

（2）将数据设置拨码开关全部断开，特别要将 A15 置 1（使第 1 脚接高电平）。将 CE、OE 均接地，观察 8 位数据显示灯全亮，这是写入前的数据。这个单元地址在整个验证过程中保持不变。

（3）将垫高稳压输出的三个二极管中的两个短接，使稳压输出为 12.5V。将 CE 引脚改接单稳态输出端，将第 1 脚（VPP）改接于 12.5V 稳压输出，将 OE 引脚改接于高电平（如 A15，它已与第 1 脚断开，正好用来接 OE 端）。

（4）设置编程数据为“11001100”，然后接通 16V 电源，编程电压指示灯亮后，按一下编程键，编程脉冲指示灯指示有效，再补按一下编程键，编程脉冲指示灯再次有效，此后，立即断开 16V 电源。

（5）将 CE、OE 两引脚改接地，第 1 脚改接 A15（高电平），再将数据设置拨码开关全部断开，此时，观察 8 位数据指示灯显示为“11001100”。

这就完成了一个单元的数据写入。同 27512 一样，27256 的擦除需要使用紫外线灯来照射。

6.3.3 27128 EPROM 的手工编程实训

27128 的引脚排列如图 6-9 中左起第三个图所示，由 27128 的引脚排列图可知， 27128 只有 14 根地址线，第 27 脚为编程脉冲输入端。它的第 1 脚与 27256 的第 1 脚同样为编程电压 VPP 输入端，该 VPP 也为 12.5V，27128 的编程方法与 27256 基本相同，差别仅在于专用其第 27 脚来引入 PGM 编程脉冲。下面我们用手工编程器对 27128 进行读写验证。

（1）同样先只给手工编程器加上 5V 电源，电源指示灯亮则加电有效。

（2）将数据设置拨码开关全部断开，特别要将 A15 置 1（使第 1 脚接高电平）、A14 置 1（使第 27 脚为高电平）。将 CE、OE 均接地，观察 8 位数据显示灯全亮，这是写入前的数据。这个单元地址在整个验证过程中保持不变。

（3）将垫高稳压输出的三个二极管中的两个短接，使稳压输出为 12.5V。将第 27 脚改接单稳态输出端，将第 1 脚（VPP）改接 12.5V 稳压输出，将 OE 引脚改接于高电平（如 A15，它已与第 1 脚断开，正好可用来接 OE 端），将第 1 脚改接 12.5V 稳压输出。

（4）设置编程数据为“11000011”，然后接通 16V 电源，编程电压指示灯亮后，按一下编程键，编程脉冲指示灯指示有效，再补按一下编程键，编程脉冲指示灯再次有效，此后，立即断开 16V 电源。

（5）将 CE、OE 两引脚改接地，第 1 脚改接 A15（高电平），再将数据设置拨码开关全部断开，此时，观察 8 位数据指示灯显示为“11000011”。

这就完成了一个单元的数据写入。同 27512、27256 一样，27128 的擦除需要使用紫外线灯来照射。

6.4　2817A 和 2864 的手工编程实训

从对 W27C512 和 27512 等的编程实训操作可知，其数据写入时都要加上 12V 的专用编程电压，两种芯片的擦除也都比较费事，并且擦除是对整个芯片而言，不可能按指定地址进行擦除。2817A 和 2864 这两款只读存储器克服了这些不足，能在 5V 电压下实现数据的写入和擦除，并且擦除在写入前自动进行，即能按指定地址，一字节一字节地进行。2864 和 2817A 的实物如图 6-13 所示，二者的引脚排列如图 6-14 所示。

图 6-13　2864、2817A 实物图

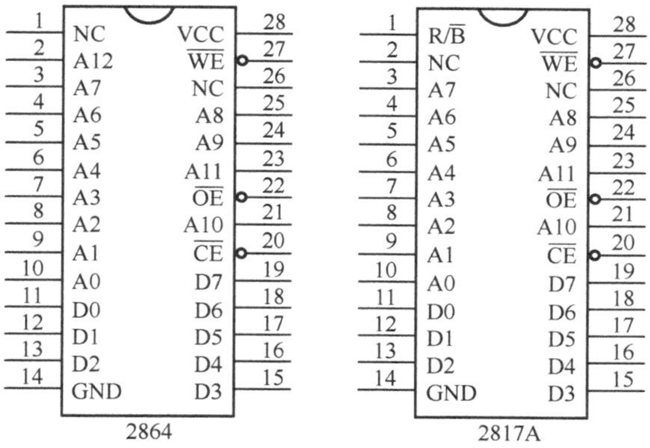

2864

引脚	名称	引脚	名称
1	NC	28	VCC
2	A12	27	$\overline{WE}$
3	A7	26	NC
4	A6	25	A8
5	A5	24	A9
6	A4	23	A11
7	A3	22	$\overline{OE}$
8	A2	21	A10
9	A1	20	$\overline{CE}$
10	A0	19	D7
11	D0	18	D6
12	D1	17	D5
13	D2	16	D4
14	GND	15	D3

2817A

引脚	名称	引脚	名称
1	R/$\overline{B}$	28	VCC
2	NC	27	$\overline{WE}$
3	A7	26	NC
4	A6	25	A8
5	A5	24	A9
6	A4	23	A11
7	A3	22	$\overline{OE}$
8	A2	21	A10
9	A1	20	$\overline{CE}$
10	A0	19	D7
11	D0	18	D6
12	D1	17	D5
13	D2	16	D4
14	GND	15	D3

图 6-14　2864、2817A 引脚排列

6.4.1　2817A 的手工编程实训

在 2817A 的引脚排列图中，WE 是写使能信号，低电平有效；R/$\overline{B}$ 是空/忙输出信号，当芯片进行擦写操作时，该引脚为低电平，手工编程时我们不用它。其余引脚功能在 27 系列 EPROM 中已有介绍，在此不再重复。下面，我们仍用手工编程器来验证 2817A 的读写步骤。在断电情况下，把 2817A 插入手工编程器上的 28P 座并锁定。然后，按以下步骤进行（图 6-15、图 6-16）。

（1）给手工编程器加上 5V 电源，电源指示灯亮则加电有效。

（2）通过地址拨码开关，将 A15、A14 置 1（使第 27 脚 WE 为高电平），将第 1 脚与 A15 断开（这是为了能让编程时 OE 可用杜邦线接 A15 这个高电平）。将 CE、OE 均接地，观察这时的 8 位数据显示灯，这是写入前的数据。这个单元地址在整个验证过程中保持不变。

（3）将“10101010”写入这个单元。用数据设置拨码开关，设置编程数据为“10101010”，将 WE 端（第 27 脚）改接于编程脉冲输出端，将 OE 端改接于 A15 上（让 OE 端为高电平），按一下编程键，写入完成。验证写入数据，将 OE 引脚改接于低电平，将 WE 引脚改接高电平（A14），将数据设置拨码开关全部断开，此时 8 位 LED 数据灯显示的就是所编程数据。确认后继续。

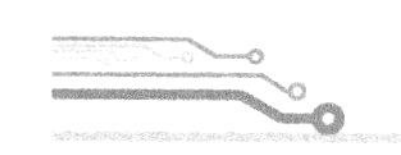
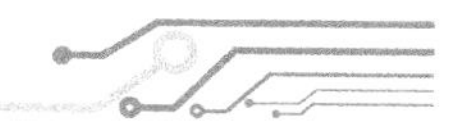

图 6-15　2718A 第一次写入的数据读出图

图 6-16　2718A 第二次写入的数据读出图

（4）这次是将“01010101”写入这个单元，注意这个数据与前次的区别。用数据设置拨码开关，设置编程数据为“01010101”，将 WE 端（第 27 脚）改接于编程脉冲输出端，将 OE 端

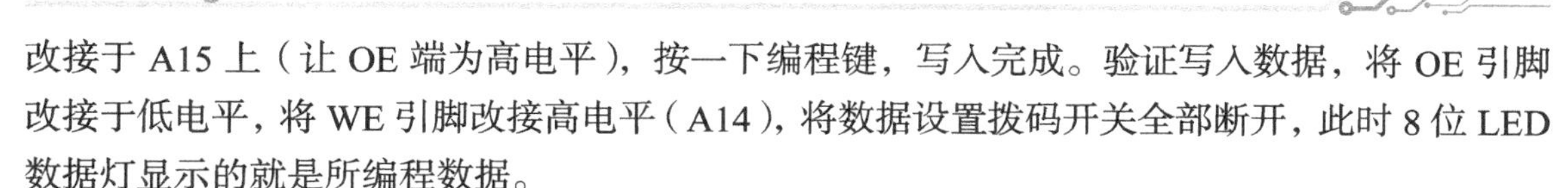

改接于 A15 上（让 OE 端为高电平），按一下编程键，写入完成。验证写入数据，将 OE 引脚改接于低电平，将 WE 引脚改接高电平（A14），将数据设置拨码开关全部断开，此时 8 位 LED 数据灯显示的就是所编程数据。

由这两个数的写入验证结果可知，只读存储器 2817A 能在写入数据前自动擦除单元中的原有数据，也就是自动使之为“11111111”，从而为写入数据做好了准备。

还需要注意的是，在整个验证过程中，2817A 都使用单 5V 电源。

6.4.2　2864 的手工编程实训

2864 的引脚排列如图 6-14 所示。根据引脚图可知，2864 没有 RDY/BUSY（空/忙输出信号），多了 A12、A13 两地址引线。其余引脚功能在 2817A 中已有介绍，在此不再重复。下面，我们仍用手工编程器来验证 2864 的读写步骤。同样，在断电情况下，把 2864 插入手工编程器上的 28P 座并锁定。

2864 的手工编程步骤如下（图 6-17 ~ 图 6-19）。

（1）给手工编程器加上 5V 电源，电源指示灯亮则加电有效。

（2）将 A15、A14 置 1（使第 27 脚 WE 为高电平），将第 1 脚与 A15 断开（这是为了能让编程时 OE 可用杜邦线接 A15 这个高电平）。将 CE、OE 均接地，观察这时的 8 位数据显示灯，这是写入前的数据。这个单元地址在整个验证过程中保持不变。

（3）将“11110000”写入这个单元。用数据设置拨码开关，设置编程数据为“11110000”，将 WE 端（第 27 脚）改接编程脉冲输出端，将 OE 端改接 A15（让 OE 端为高电平），按一下编程键，写入完成。验证写入数据，将 OE 引脚改接低电平，将 WE 引脚改接高电平（A14），将数据设置拨码开关全部断开，此时 8 位 LED 数据灯显示的就是所编程数据。确认后继续。

图 6-17　2864 编程示意图一

图 6-18　2864 编程示意图二

图 6-19　2864 编程示意图三

（4）这次是将“00001111”写入这个单元，注意这个数据与前次的区别。用数据设置拨码开关，设置编程数据为“00001111”，将 WE 端（第 27 脚）改接编程脉冲输出端，将 OE 端改接 A15（让 OE 端为高电平），按一下编程键，写入完成。验证写入数据，将 OE 引脚改接于低电平，将 WE 引脚改接高电平（A14），将数据设置拨码开关全部断开，此时 8 位 LED 数据灯显示的就是所编程数据。

由这两个数的写入验证结果可知，同 2817A 一样，只读存储器 2864 能在写入数据前自动擦除单元中的原有数据，也就是自动使之为“11111111”，为写入数据做好了准备。同 2817A 一样，2864 也是使用单 5V 电源工作。

6.5　HM6264 的读写实训

HM6264 存储器与前面所讲的几个存储器有本质的区别，前面所讲的存储器都是只读存储器，而 HM6264 是随机存储器。只读存储器在工作时，系统只能从该存储器中读出数据，而不能把数据写入该存储器。随机存储器在工作时，系统既要从该存储器中读出数据，也要把数据写入该存储器，与只读存储器的应用场合和方式不一样。图 6-20 是 HM6264 的实物图，图 6-21 是 HM6264 的引脚排列图。

图 6-20　HM6264 实物图

引脚	名称	名称	引脚
1	NC	VCC	28
2	A12	WE	27
3	A7	CE2	26
4	A6	A8	25
5	A5	A9	24
6	A4	A11	23
7	A3	$\overline{OE}$	22
8	A2	A10	21
9	A1	$\overline{CE1}$	20
10	A0	D7	19
11	D0	D6	18
12	D1	D5	17
13	D2	D4	16
14	GND	D3	15

6264

图 6-21　HM6264 引脚排列图

由图 6-21 可以看到，HM6264 有两个片选端 CE1（第 20 脚）和 CE2（第 26 脚），CE1 是低电平有效，CE2 是高电平有效，只有这两个片选端都有效，HM6264 才处于工作状态。HM6264 的 CE2 片选端有一个非常有用的功能，就是当 CE2 无效（为低电平）时，HM6264 就进入休眠状态，休眠状态下，HM6264 不能读出或写入数据，但能完整地保持所有数据。HM6264 处于休眠状态时，耗电极少，仅为几微安，即在纽扣般大的 3V 锂电池支持下，其数据可保持数月甚至数年。在本章的最后一节中，就会使用 CE2 来实现 HM6264 的掉电保护。

尽管 2817A、2864 和 6264 它们都有写使能端，都能将数据写入其芯片，但由于 28 系列的写入速度远低于 6264，因此并不适合运行时有大量写入数据的工作任务。HM6264 由于读写速度都非常快，因此非常适合读写都非常频繁的应用场合，但有一点，就是写入的数据，断电后全部消失。而 2817A 和 2864 所写入的数据，断电后能长期保存。下面，我们还是用那块手工编程器，来验证 6264 的存储功能。在断电情况下，把 HM6264 插入手工编程器上的 28P 座并锁定。

HM6264 的读写实训步骤如下。

（1）给手工编程器加上 5V 电源，电源指示灯亮则加电有效。

（2）将 A15、A14 置 1（使第 27 脚 WE 为高电平），并将 A13 置 1（使第 26 脚 CE2 为高

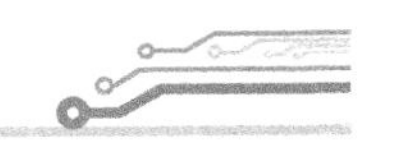

电平），将第 1 脚与 A15 断开（这是为了能让编程时 OE 可用杜邦线接 A15 这个高电平）。将 CE、OE 均接地，观察这时的 8 位数据显示灯，这是写入前的数据。这个单元地址在整个验证过程中保持不变。

（3）将“11110000”写入这个单元。用数据设置拨码开关，设置编程数据为“11110000”，将 WE 端（第 27 脚）改接编程脉冲输出端，将 OE 端改接 A15（让 OE 端为高电平），按一下编程键，写入完成。验证写入数据，将 OE 引脚改接低电平，将 WE 引脚改接高电平（A14），将数据设置拨码开关全部断开，此时 8 位 LED 数据灯显示的就是所编程数据。确认后继续。

（4）这次是将“00001111”写入这个单元，注意这个数据与前次的区别。用数据设置拨码开关，设置编程数据为“00001111”，将 WE 端（第 27 脚）改接编程脉冲输出端，将 OE 端改接 A15（让 OE 端为高电平），按一下编程键，写入完成。验证写入数据，将 OE 引脚改接低电平，将 WE 引脚改接高电平（A14），将数据设置拨码开关全部断开，此时 8 位 LED 数据灯显示的就是所编程数据。

需要说明一点，HM6264 这里仍用 27 系列只读存储器的写入脉冲，其周期太长，实际运用时不会用这样宽的脉冲，这里借用现成的电路单元来使用主要是为了省事。

6.6 16×16 点阵汉字显示实训

6.6.1 16×16 点阵汉字显示原理

在第 29 届奥运会（北京）开幕式上，由 897 名军人进行的 4 分钟字模表演，精准无误地向世界展示了中国古代璀璨的科技文化。LED 显示屏上的汉字显示，正是通过汉字的字模技术来实现的。16×16 点阵汉字的字模，可以认为是把一个汉字放到 16×16 的网格上，其笔画被网格分割为点而落在网格上的点位分布，如图 6-22 所示。

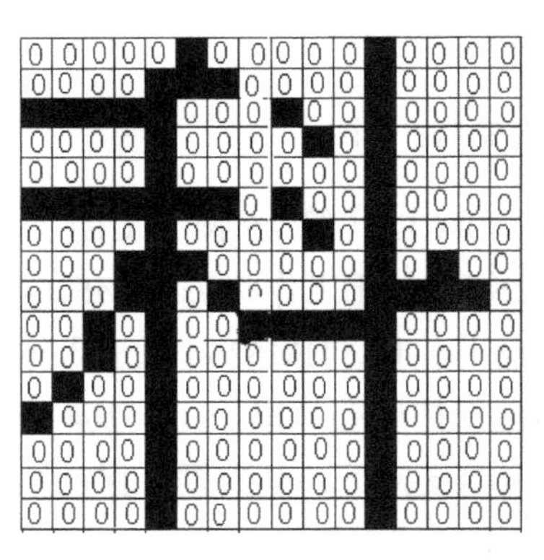

图 6-22 “科”字字模

如图 6-22 所示，可把被笔画占据的网格记为 1，未被笔画占据的网格记为 0，于是，这个“科”字的字模就可用二进制数来表示。由于计算机中数的存储以字节为单位，而一字节存储 8 位二进制数，因此存储一个 16×16 点阵汉字的字模就需 32 字节。具体存放是把一行分成左右两部分，左右两部分各用一字节。图 6-22 中“科”字的字模就表示为

00000100 00010000

00001110 00010000

11111000 10010000

00001000 01010000

00001000 00010000

11111110 10010000

00001000 01010000
00011100 00010100
00011010 00011110
00101001 11110000
00101000 00010000
01001000 00010000
10001000 00010000
00001000 00010000
00001000 00010000
00001000 00010000

图 6-23 是一个 16×16 LED 点阵，我们借助它来说明 16×16 点阵汉字的显示方法。我们第 1 次只把第 1 行的引脚 R1 接 0 电平（地），其余各行引脚接 1 电平（5V），把第一行代表的 16 个输出电压对应地加到 16×16 LED 点阵的 16 列引脚上，用 0 代表 0V 电压，用 1 代表 5V 电压，这时就只有第 1 行的两个二极管发光（对应字模的第 1 行）；第 2 次只把第 2 行的引脚 R2 接 0 电平，其余各引脚接 1 电平（5V），并把第二行代表的 16 个输出电压对应加到 16×16 LED 点阵的 16 列引脚上，这时就只有第 2 行的 4 个二极管发光（对应字模的第 2 行）；第 3~16 次按同样规则处理。这样不断快速地 16 次又 16 次地重复，我们就会看到显示出了“科”字，尽管同一时间内只有一行在显示。

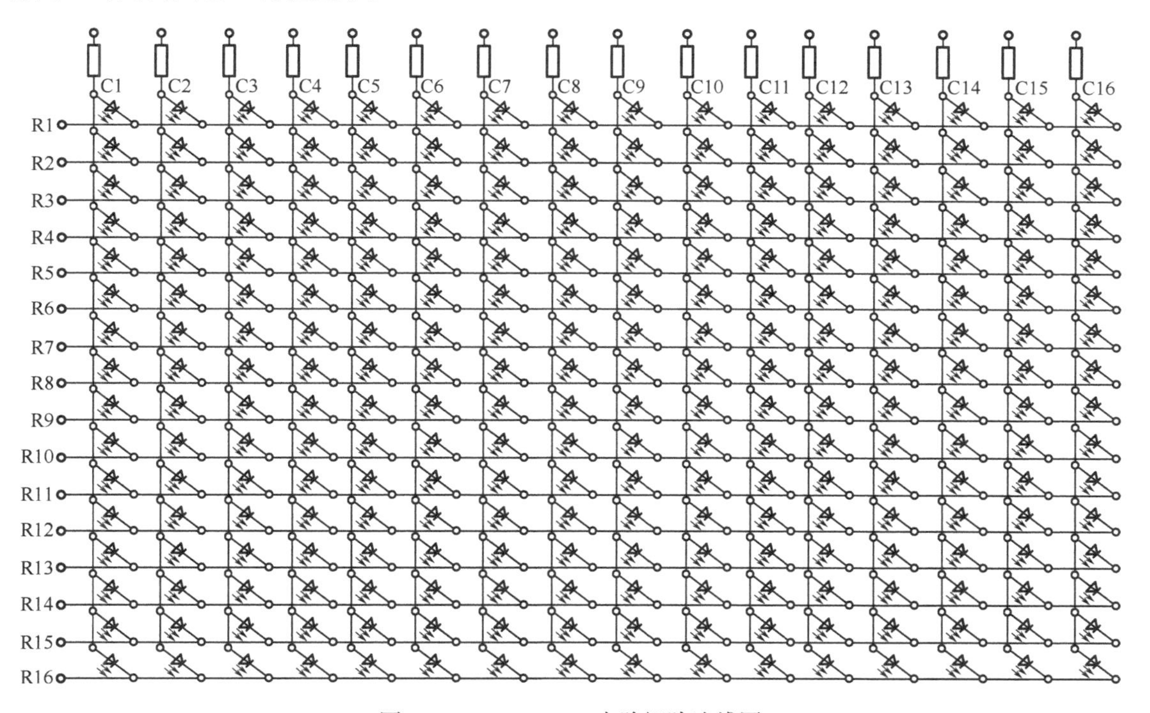

图 6-23 16×16 LED 点阵矩阵连线图

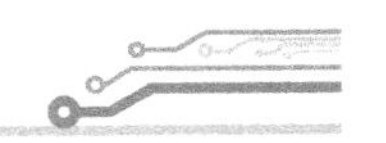

这就给我们提出了两个问题：

（1）怎样才能实现上面所需的行驱动要求？

（2）怎样才能得到每行所需的 16 列驱动电平？

我们已经知道，74HC138 是 3 线-8 线译码器，它的输出是低电平有效，用两只 74HC138 来构成一个 4 线-16 线译码器，就能实现上面的 16 行扫描驱动要求。具体方法稍后叙述。

我们同样知道，前面所讲的各类存储器都能存储大量数据，我们可把字模的点阵数据预先存入存储器，然后按行去读即可，由于存储器每个地址单元只能存储 8 位二进制数，因此需要两片存储器合用来提供每行所需的 16 列驱动信息。具体办法也在稍后叙述。

6.6.2 用 8×8 LED 点阵组成 16×16 LED 点阵

由于电子商城一般都没有 16×16 LED 点阵可购，因此需要我们用 8×8 LED 点阵来组成 16×16 LED 点阵。在实训中，我们还是选用型号为 SZ410788K 的 8×8 LED 点阵器材来安装实训电路板。我们再来看一下这个元件的实物图（图 6-24）和引脚排列图（图 6-25）。

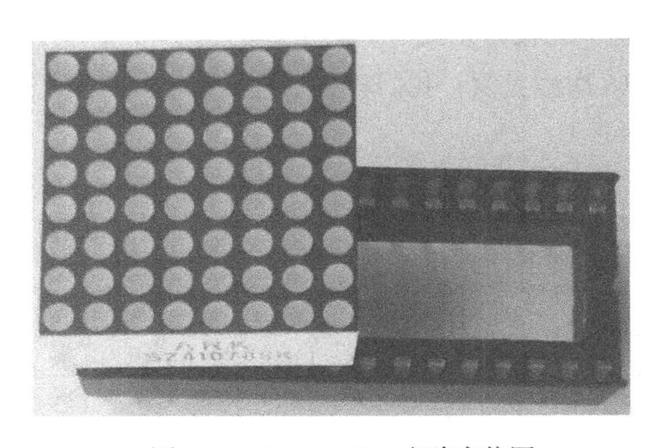

图 6-24　SZ410788K 点阵实物图

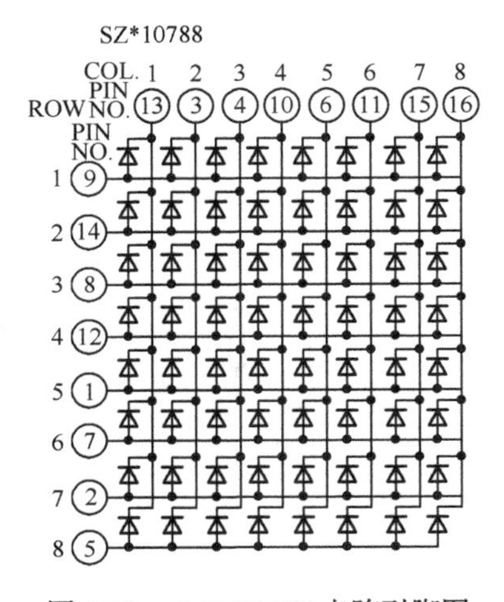

图 6-25　SZ410788K 点阵引脚图

由于在现在给出的方案中，列驱动电平规定用 1 电平（高电平）有效（点亮），由于此列引线上接的是二极管负极，同前面 LED 点阵的逐点驱动案例一样，要同样把它在默认安装方向上向右旋转 90° 来定向安装，如图 6-26、图 6-27 所示。

下面，我们就用 4 片 SZ410788K 来组装成一 16×16 LED 点阵。先确定其实际放置方向，实际放置方向如图 6-28 所示。图中的引脚排列图是按默认安装方向定义的。必须明确的是，我们要把在默认安装方向上定义的行引脚，同号引脚相连，作为我们电路中的列引脚，同时，也要把在默认安装方向上定义的列引脚，同号引脚相连，作为我们电路中的行引脚。即在两个方向（行、列）上的引脚都各自合二为一。具体接线须在两个方面上进行处理。

（1）把原来标记上列号相同的两引脚连接成我们电路中的一行引脚。具体就是：把上面的左右两 LED 点阵的第 13 引脚连成一脚，并作为组合点阵的的第 1 行引脚；把下面的左右两 LED 点阵的第 13 引脚连成一脚，并作为组合点阵的第 9 行引脚；把上面的左右两 LED 点阵的

第 3 引脚连成一脚，并作为组合点阵的第 2 行引脚；把下面的左右两 LED 点阵的第 3 引脚连成一脚，并作为组合点阵的第 10 行引脚；其余类推。

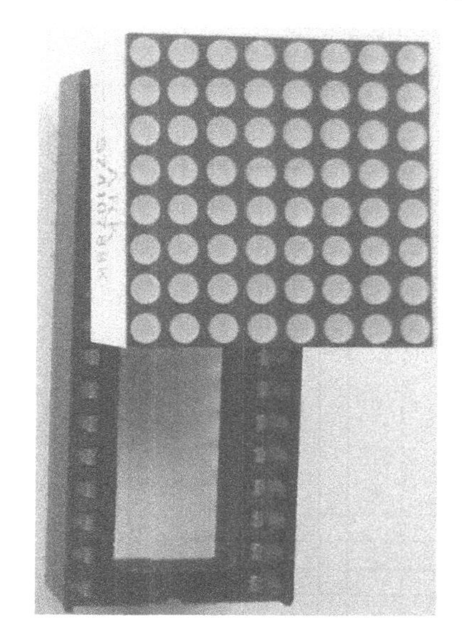

图 6-26　SZ410788K 右旋安装图

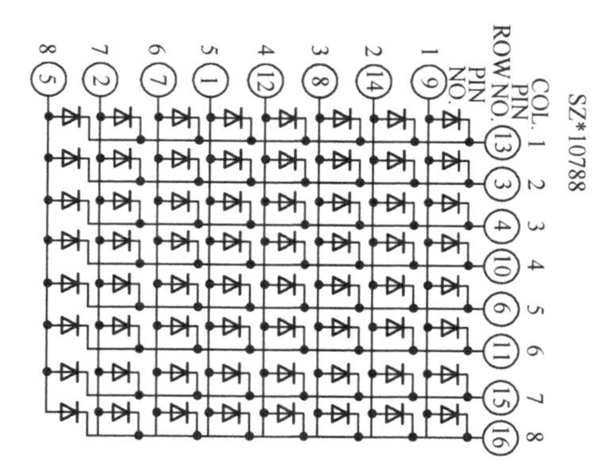

图 6-27　SZ410788K 右旋引脚图

引脚	左	右	引脚
1	ROW5	COL8	16
2	ROW7	COL7	15
3	COL2	ROW2	14
4	COL3	COL1	13
5	ROW8	ROW4	12
6	COL5	COL6	11
7	ROW6	COL4	10
8	ROW3	ROW1	9

引脚	左	右	引脚
1	ROW5	COL8	16
2	ROW7	COL7	15
3	COL2	ROW2	14
4	COL3	COL1	13
5	ROW8	ROW4	12
6	COL5	COL6	11
7	ROW6	COL4	10
8	ROW3	ROW1	9

引脚	左	右	引脚
1	ROW5	COL8	16
2	ROW7	COL7	15
3	COL2	ROW2	14
4	COL3	COL1	13
5	ROW8	ROW4	12
6	COL5	COL6	11
7	ROW6	COL4	10
8	ROW3	ROW1	9

引脚	左	右	引脚
1	ROW5	COL8	16
2	ROW7	COL7	15
3	COL2	ROW2	14
4	COL3	COL1	13
5	ROW8	ROW4	12
6	COL5	COL6	11
7	ROW6	COL4	10
8	ROW3	ROW1	9

图 6-28　4 片 SZ410788K 组合时的方向示意图

（2）把原来标记上行号相同的两引脚连接成电路中的一列引脚。具体就是：把左面的上下两 LED 点阵的第 5 引脚连成一脚，并作为组合点阵的第 1 列引脚；把右面的上下两 LED 点阵的第 5 引脚连成一脚，并作为组合点阵的第 9 列引脚；把左面的上下两 LED 点阵的第 2 引脚连成一脚，并作为组合点阵的第 2 列引脚；把右面的上下两 LED 点阵的第 2 引脚连成一脚，并作为组合点阵的的第 10 列引脚；其余类推。组合 LED 点阵如图 6-29 所示。

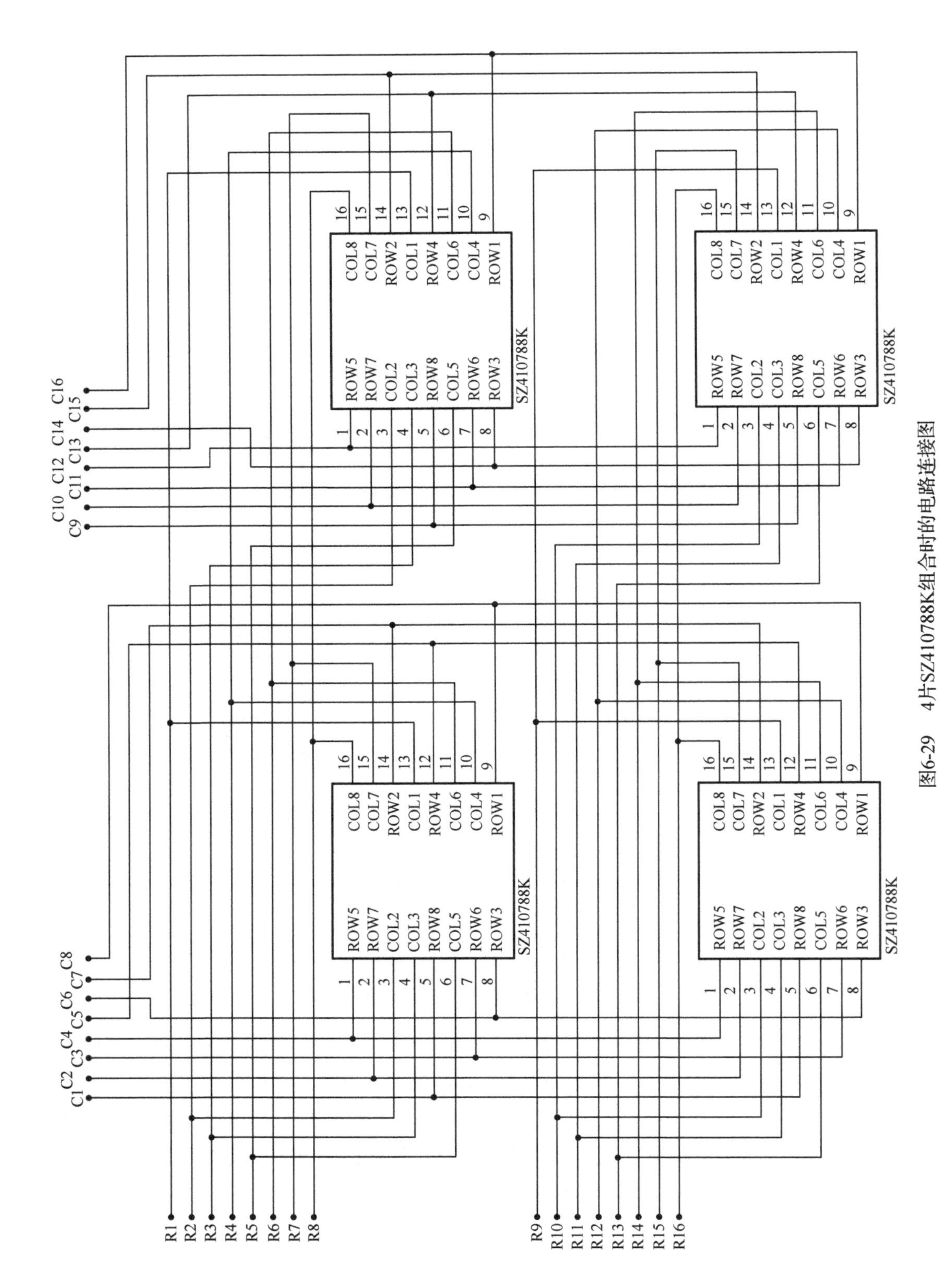

图6-29　4片SZ410788K组合时的电路连接图

在完整的16×16 LED点阵汉字显示案例电路图中，我们把上面那个由4片8×8 LED点阵组合而成的16×16 LED组合点阵电路，用图6-30所示的图形来表示，使电路图简洁直观。

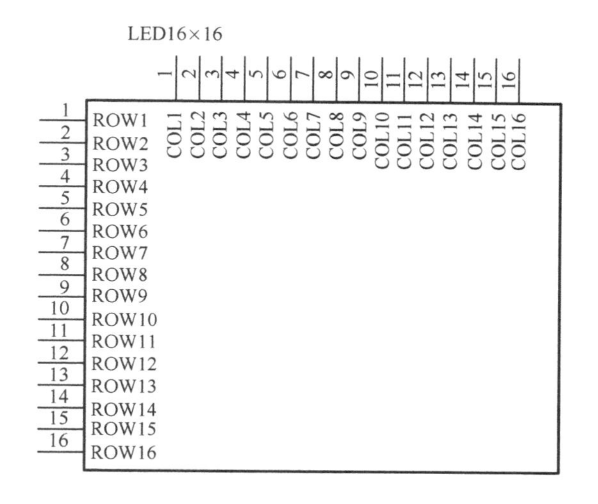

图6-30　4片SZ410788K整合完成后的电路表示符号

6.6.3　用HM6264实现的16×16点阵汉字显示电路原理图及电路分析

图6-31是完整的16×16点阵汉字显示电路原理图，它是基于HM6264实现的16×16点阵汉字显示。电路最主要的特点是：

（1）用两只HM6264借助直通的两只74HC573，以完成16×16点阵汉字显示的列驱动；

（2）用两只74HC138完成16×16点阵汉字显示的行驱动。

下面，以电路中所使用的数字集成电路芯片为主线，简单介绍它的电路组成和工作原理。

1. 用两只74HC138完成16×16点阵汉字显示的行驱动

先看两只74HC138是怎样连接成4线-16线译码器而完成16行驱动的。参看它的功能表，其第4脚CS2、第5脚CS3都是低电平有效，第6脚CS1是高电平有效。上下两块74HC138的三条地址线A2、A1、A0对应并接在作为地址计数器的74HC393的Q3、Q2、Q1上，Q1为最低位。上面的74HC138的第4脚与下面的74HC138第6脚都接在Q4上。因此，当地址线Q4为0电平时，上面的74HC138有效而下面的74HC138无效，当地址线Q4为1电平时，上面的74HC138无效而下面的74HC138有效。当74HC393的Q4、Q3、Q2、Q1的计数输出为0000时，上面的74HC138的Y0输出为0电平，即点阵第1行为0电平；计数输出为0001时，上面的74HC138的Y1输出为0电平，即点阵第2行为0电平；计数输出为0010时，上面的74HC138的Y2输出为0电平，即点阵第3行为0电平；……；计数输出为1000时，下面的74HC138的Y0输出为0电平，即点阵第9行为0电平；计数输出为1001时，下面的74HC138的Y1输出为0电平，即点阵第10行为0电平；……；计数输出为1111时，下面的74HC138的Y7输出为0电平，即点阵第16行为0电平。因此，当地址计数器

74HC393 的 Q4、Q3、Q2、Q1 四位二进制数计数一周，两块 74HC138 也就将点阵从第 1 行依次轮换驱动到第 16 行。

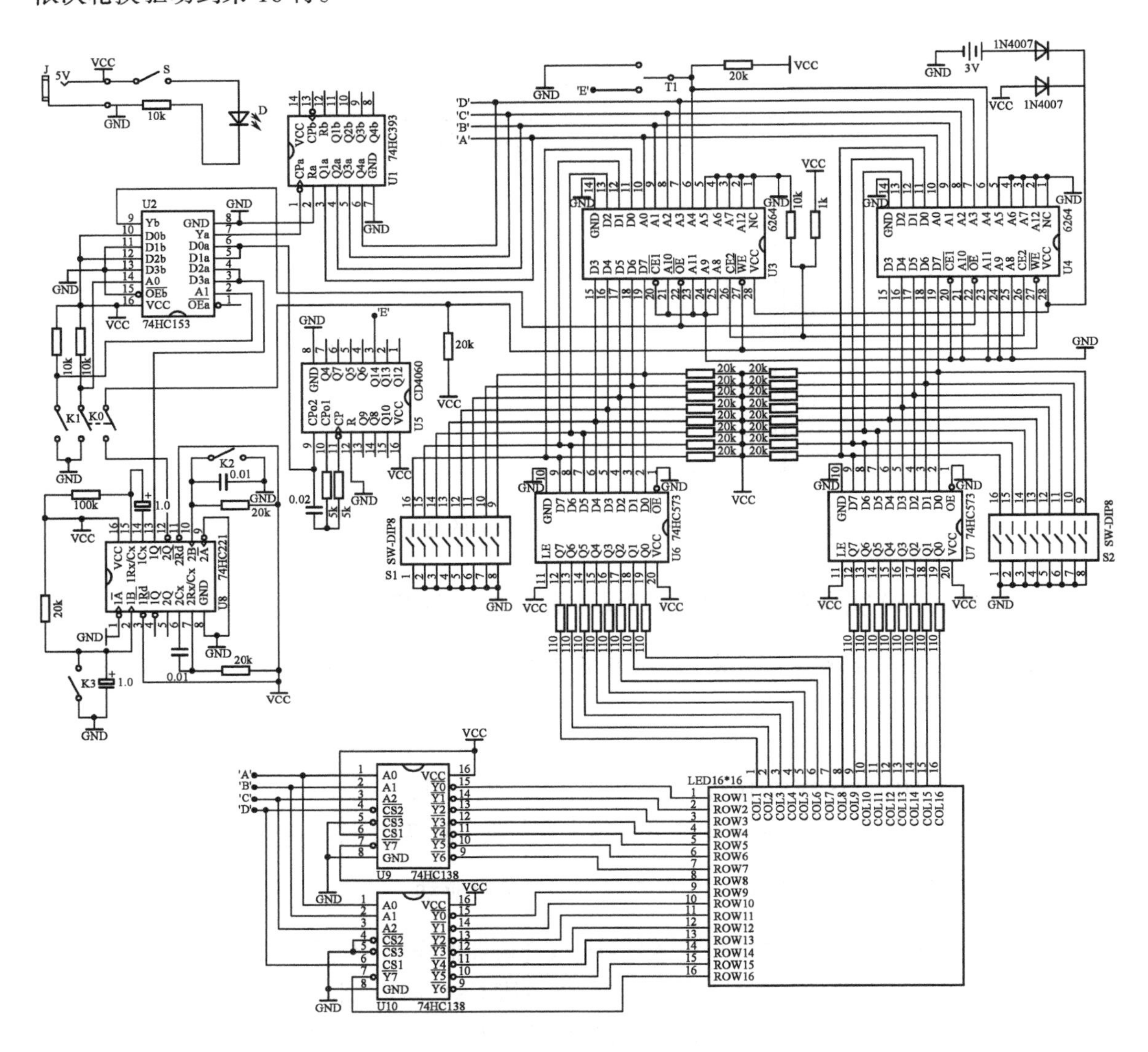

图 6-31　16×16 点阵汉字显示电原理图

2. 用两只 HM6264（借助两只 74HC573）完成 16×16 点阵汉字显示的列驱动

现在再看 LED 组合点阵的列驱动原理。这里使用两片 HM6264。左边的 HM6264，是借助左边的 74HC573 驱动 LED 点阵左边 8 列发光管；右边的 HM6264，借助右边的 74HC573 驱动 LED 点阵右边 8 列发光管。为叙述方便，把“借助于”环节省略，就说成是 HM6264 实现了 LED 点阵的列驱动，以突出存储器的字模数据提供功能。简单地说，显示 1 个 16×16 点阵汉字，需要 16 行数据，这就需要 16 个地址。16 个地址需要 4 根地址线 A3、A2、A1、A0。因此，要把两片 HM6264 的 A3、A2、A1 和 A0，都接在 74HC393 的 Q4、Q3、Q2 和 Q1 上。

这样就同 74HC138 的行驱动有了相同步调的运作，即随着地址计数器的计数变化，74HC138 的行驱动随同变化，两片 HM6264 提供的字模数据也随行变化，也就一行接一行地显示字模点阵。把计数速度加快到一定数值，虽然点阵只是在一行接一行地轮换显示，但人眼看到的却是一个完整的汉字。当然，存储器中，必须要先存储好各行的点阵数据。后面我们将讨论如何把字模点阵的数据，按行写入存储器。

3. 用半只 74HC393 为 74HC138 和 HM6264 提供 4 位地址驱动

HM6264 和 74HC138 的 4 位地址驱动，是由 74HC393 提供的。74HC393 有两个各自独立的 4 位二进制计数器，这里只用了其中的一个。这是一个非常简单的 4 位二进制计数电路。它的高电平有效复位端 R 被直接接地，4 位计数输出 Q4、Q3、Q3 和 Q1 直接作为 HM6264 和 74HC138 的地址总线。另外，它的计数时钟需要自动和手动两种运作机制。自动时钟用于点阵的正常显示。手动时钟用于把点阵数据写入 6264。

4. 用 1 只 74HC153 实现电路两种模式的转换选择

我们这个汉字显示原理电路，应有两种工作形态。其一是显示点阵汉字，其二是把汉字字模的点阵数据写入 HM6264。可以看出，这两种状态实质就是存储器的两种工作状态。对 HM6264 存储器来说，两种工作状态的区别在于：读状态时低电平有效的写入使能端 WE 接高电平，低电平有效的输出使能端 OE 接低电平，其数据线输出该地址单元中存储的 8 位二进制数；写状态时，低电平有效的输出使能端 OE 接高电平，在写入使能端 WE 为低电平时，其数据线上的 8 位二进制代码进入该地址单元。

上面所说的这个汉字显示原理电路的两种状态，用两个按键开关来选择，用数据选择器 74HC153 来实现。先来看 74HC153 的引脚排列图（图 6-32）和它的功能表（表 6-1）。

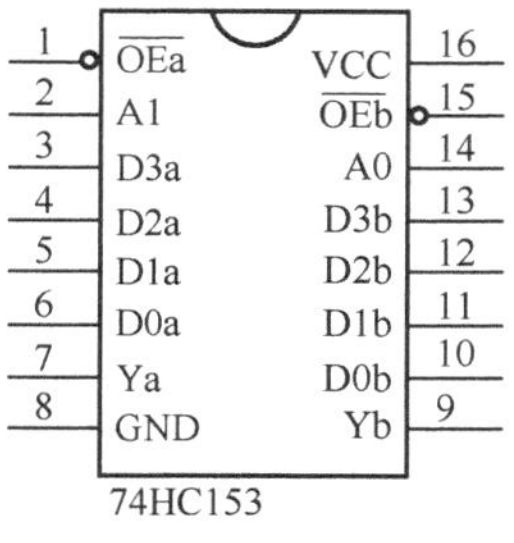

1	$\overline{OEa}$	VCC	16
2	A1	$\overline{OEb}$	15
3	D3a	A0	14
4	D2a	D3b	13
5	D1a	D2b	12
6	D0a	D1b	11
7	Ya	D0b	10
8	GND	Yb	9

74HC153

图 6-32　74HC153 引脚图

表 6-1　74HC153 功能表

输入			输出
A1	A0	OE	Y
X	X	1	0
0	0	0	D0
0	1	0	D1
1	0	0	D2
1	1	0	D3

74HC153 是双 4 输入端数据选择器。每个选择器的数据选择输出都从各自的 D0~D3 四个输入数据中择一输出，如何四中选一都是由两位地址 A1A0 的取值来定，具体选择细节见它的功能表。

由于我们这个电路的两种工作状态实质上是 HM6264 的读、写两个状态，HM6264 读状态的要求是自动计数时钟和输出使能端有效（接 0 电平）；HM6264 写状态的要求是手动计数时钟和输出使能端无效（接 1 电平）。因此，我们就用 74HC153 的一个器件来控制 74HC393 的计数时钟，使之在自动和手动两者间选择，另一个器件来控制 HM6264 的输出使能端 OE，使之在有效（0 电平）和无效（1 电平）两者间选择。

具体做法如下。

（1）用 74HG153 引脚排列图中的 a 选择器来实现两种计数时钟的选择。如图 6-31 所示，将 D0a、D1a 并接为自动时钟输入端（CD4060 的 Q4 端提供），D2a、D3a 并接为手动时钟输入端（74HC221 提供）。当地址开关 T1 置（闭合）地址 A1 为 0 时，Ya 输出的是自动时钟信号，T1 置（断开）地址 A1 为 1 时，Ya 输出的是手动时钟信号。将 D0a、D1a 并接，将 D2a、D3a 并接，这里把 a 器件的 4 路输入合并成 a 器件的 2 路输入的目的是消除 T0 开关对 a 器件选择输出的影响。

（2）用 74HC153 引脚排列图中的 b 选择器来实现 HM6264 的输出使能端 OE 的电平设置。将 D0b、D2b 并接于 1 电平，将 D1b、D3b 并接于 0 电平。当地址开关 T0 置（闭合）地址 A0 为 0 时，Yb 输出 1 电平，当地址开关 T0 置（断开）地址 A0 为 1 时，Yb 输出 1 电平。这里把 b 器件的 4 路输入合并成 b 器件的 2 路输入的目的，是消除 T1 开关对 b 器件选择输出的影响。

另外需要注意，T0 为双刀开关，T0 的另一路开关接通的是 HM6264 的写入脉冲。

5. 用 74HC221 产生手动时钟和写入脉冲

电路中的 74HC221 是双单稳态数字电路。双单稳电路中的一个，用来产生地址计数所需的手动时钟，以适应把汉字字模的点阵数据写入 HM6264 的手工操作，另一个用来产生 HM6264 的写入脉冲。具体工作原理前面已有介绍，此略。

6. 用 CD4060 产生自动时钟和实现“轮换显字”

CD4060 是带有振荡功能的 14 级二进制计数器。在这里，用它构成了 RC 振荡器，其振荡方波信号同时作为 74HC393 的地址计数时钟和本身的计数时钟。用 CD4060 二进制计数的最大分频端 Q14（第 3 脚）去做 HM6264 地址端 A4 的地址线，从而实现两个汉字的轮换显示。

7. 用 74HC573 提高 LED 点阵的显示亮度

74HC573 的作用是将写入 HM6264 的点阵数据或从 HM6264 输出的点阵数据的显示效果改善。这主要是因为 HM6264 读状态时其数据线点亮 LED 元件的亮度不够，用行扫描方式形成的汉字显示亮度就更低了。把写入 HM6264 的点阵数据或从 HM6264 输出的点阵数据加到 74HC573 的 D 输入端，再用 74HC573 的 Q 输出端去驱动 LED 二极管，亮度要好一些。同前面的很多实训电路相似，要用 16 位拨码开关（图中是用两只 8 位的拨码开关来合成）和 16 个上拉电阻来构成一行点阵电平设置电路，把上拉电阻和拨码开关的连接点称为节点，这 16 个节点就对应了一行点阵，每个节点的逻辑电平用其拨码开关可以设置为 1 和 0。在电路的写状态时，所设置的这一行节点的逻辑电平同时加到了 HM6264 的数据线和 74HC573

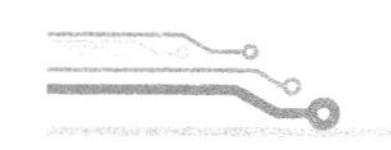

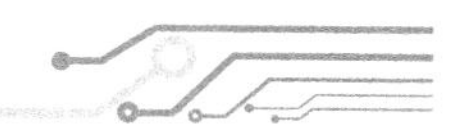

的 D 输入端，因此，两个 74HC573 所驱动的一行 LED 点阵显示，就正是写入 HM6264 的一行数据。在电路的读状态时，必须把拨码开关的所有子开关全部断开，让行点阵电平设置电路不起作用。

8. 关于 HM6264 的补充说明

现在把 HM6264 的电路连接做进一步补充说明。HM6264 有 13 根地址线，存储 16 行点阵数据，只需要使用 4 根地址线。电路中还另外使用了一根地址线 A4，以存储两个汉字的点阵数据。这是因为，5 根地址线可提供 32 个地址，即可存储 32 行点阵数据，前 16 行作为一个汉字，后 16 行作为另一个汉字。方法也很简单，只需要把 A4 这一地址线单独处理即可。当 A4 接 0 电平时，就使用前 16 个地址，当 A4 接 1 电平时，就使用后 16 个地址。两个汉字的写入分成两次来完成。第一次，将 HM6264 的地址线 A4 接 0 电平，然后写入第一个汉字的 16 行点阵数据；第二次，将 HM6264 的地址线 A4 接 1 电平，然后写入第二个汉字的 16 行点阵数据……写入完成后，要将 A4 改接 CD4060 的 Q14 输出端，以自动轮流显示两汉字。HM6264 的其余 8 根地址线则全部接地。HM6264 的片选端 CE 也要接地。HM6264 的写使能端接有一 10k 的上拉电阻，且通过双刀开关中的一路接 74HC221 提供的写入脉冲。这是便于系统处于汉字显示且刚上电工作时，关断 74HC221 可能产生的写入脉冲，以免本来已写好了的点阵数据被改写。

这里专门为 HM6264 考虑了掉电保护电路。第一，HM6264 的电源引脚（第 28 脚）通过二极管接+5V，当关断电源后，HM6264 改由备用电池供电，这时这个二极管就处于反向状态，避免了备用电池向其他器件供电。备用电池也通过一二极管对 HM6264 供电，这是为防止 5V 电源正常时对备用电池充电。这两个二极管的工作状态正好相反，一个导通时另一个截止。第二，HM6264 的 CE2（第 26 脚）端接在两个电阻对+5V 电源的分压上，当+5V 电源关断后，HM6264 的 VCC 端（第 28 脚）转为 3V 供电，CE2 端因下拉电阻的接地作用而处于低电平，从而让 HM6264 处于仅保持数据的微功耗状态。

在掉电保护状态下，HM6264 中的存储数据可保存数月至数年。

图 6-31 所示的电路完全能显示 16×16 点阵汉字，但亮度不理想，主要原因是 74 系列 IC 的灌入电流不能胜任一行（16 个）LED 发光二极管的电流驱动，因此，最好在 16×16 点阵 LED 显示屏的各行引脚与 74HC138 译码输出端之间，加接三极管电流放大器，三极管采用 PNP 型的 S8550，其基极限流电阻为 470Ω。加了三极管电流放大器的 16×16 点阵 LED 汉字显示屏电路如图 6-33 所示，我们就用它来进行 16×16 点阵汉字显示实训。

6.6.4　16×16 点阵 LED 汉字显示屏电路板安装要点

由于 16×16 点阵 LED 汉字显示屏电路的组成比较复杂，因此要用大一点的万用电路板来进行安装。把图 6-33 所示电路中的所有元件安装在一块 20cm×15cm（安装最小尺寸：60 孔×56 孔）的万用电路板上。图 6-34 是实训电路板的元件定位图，图 6-35 是电路板的焊接连线图。

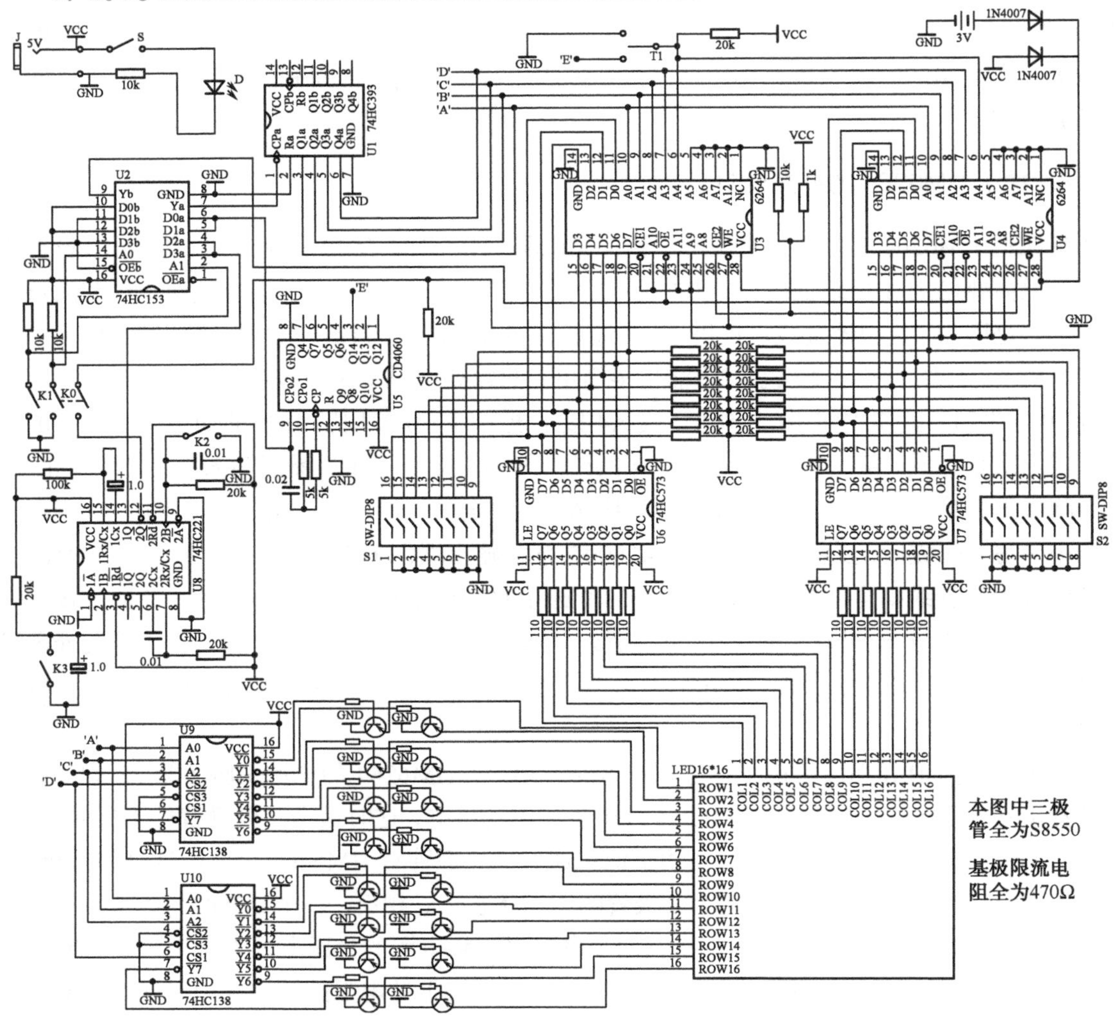

图 6-33　16×16 点阵汉字显示实训电原理图

在图 6-34 所示的元件定位图中，右上的两块 IC 芯片是 HM6264，左上角竖直放置的 IC 芯片是 74HC153，74HC153 右上角的 IC 芯片是 74HC393，74HC153 右下角的 IC 芯片是 74HC4060，再往下的 IC 芯片是 74HC221，最下面两块竖直放置的 IC 芯片是 74HC138，组合点阵上面的两块 20 脚 IC 芯片是 74HC573，组合点阵右上角为 3V 备用电池。图中左起第一个按键开关是 K1，用来设置手动时钟/自动时钟，K1 右边是读/写设定开关 K0，K0 右边是写入脉冲产生开关，K0 下边的是手动时钟产生开关。电路板右上的按键开关是电源开关。

从图 6-34、图 6-35 可知，这个实训电路的焊接工作量很大，其中最困难的是 4 块 LED 点阵的焊接工作。把 4 块 8×8 LED 点阵焊接为一 16×16 LED 点阵，需要在电路板的正反两面进行连线焊接，并且还要使用特别精细的焊接方法，才能完成 4 块点阵的组合工作。下面，就重点说明点阵组合的焊接要点。

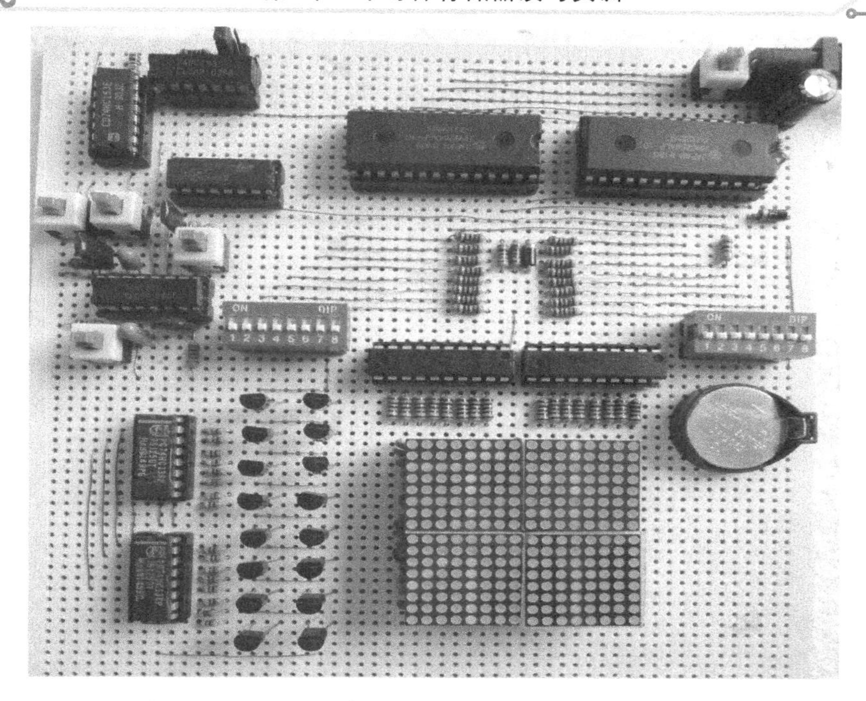

图 6-34　16×16 点阵汉字显示实训电路板的元件定位图

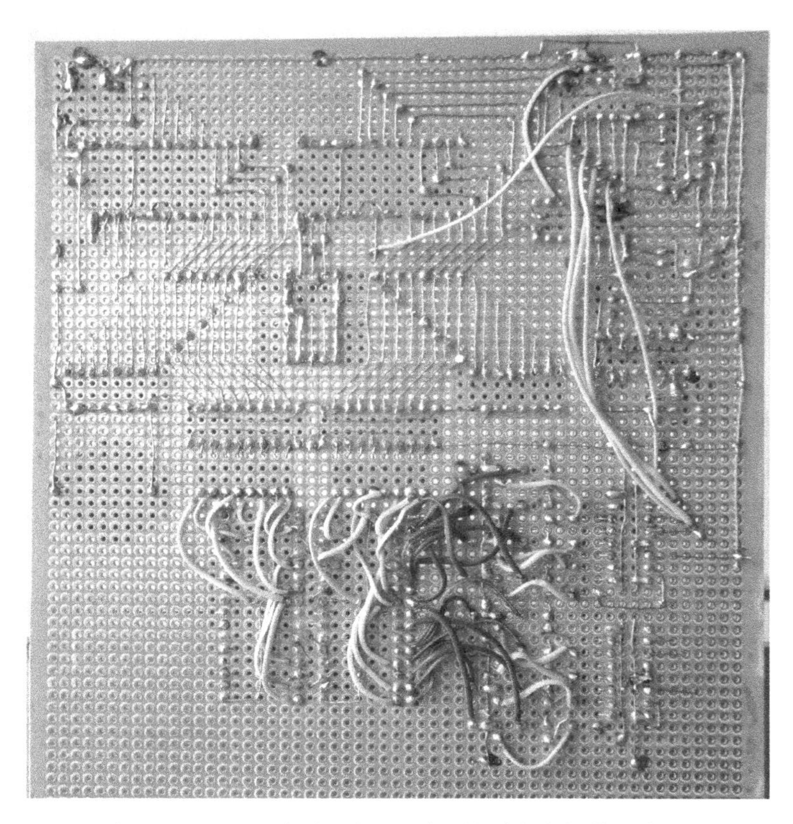

图 6-35　16×16 点阵汉字显示实训电路板的焊接连线图

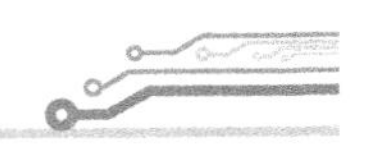

如图 6-36 和图 6-37 所示，组合时使用两只 32P 双列集成电路插座来插入 4 只（SZ410788K）8×8 LED 点阵，经过连线焊接，从而得到组合点阵。焊接时应先处理列组合连线，再处理行组合连线。

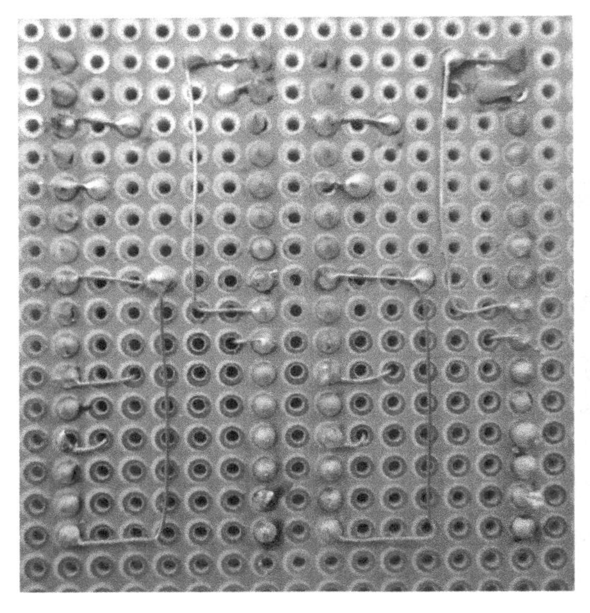

图 6-36　点阵引脚焊接示意图一

图 6-37　点阵引脚焊接示意图二

1. 点阵组合的列组合连线和焊接

先处理左边（从焊接面看）的 32P 双列插座焊脚上的列组合连线：

① 把下面那只 SZ410788K 第 9 脚与上面 SZ410788K 第 9 脚用裸导线相连并作为组合 LED 的第 16 列，其裸导线全部在焊接面；

② 把下面那只 SZ410788K 第 12 脚与上面 SZ410788K 第 12 脚用裸导线相连并作为组合 LED 的第 13 列，其裸导线要穿过电路板后向上走线（图 6-37），再从上面第 12 脚附近穿过电路板后焊接于焊接面；

③ 把下面那只 SZ410788K 第 14 脚与上面 SZ410788K 第 14 脚用裸导线相连并作为组合 LED 的第 15 列，其裸导线要穿过电路板后向上走线（图 6-37），再从上面第 14 脚附近穿过电路板后焊接于焊接面；

④ 把下面那只 SZ410788K 第 2 脚与上面 SZ410788K 第 2 脚用裸导线相连并作为组合 LED 的第 10 列，其裸导线要穿过电路板后向上走线（图 6-37），再从上面第 2 脚附近穿过电路板后焊接于焊接面；

⑤ 把下面那只 SZ410788K 第 1 脚与上面 SZ410788K 第 1 脚用裸导线相连并作为组合 LED 的第 12 列，其裸导线全部在焊接面；

⑥ 把下面那只 SZ410788K 第 8 脚与上面 SZ410788K 第 8 脚用绝缘导线相连并作为组合 LED 的第 14 列，该绝缘导线位于焊接面；

⑦ 把下面那只 SZ410788K 第 7 脚与上面 SZ410788K 第 7 脚用绝缘导线相连并作为组合 LED 的第 11 列，该绝缘导线位于焊接面；

⑧ 把下面那只 SZ410788K 第 5 脚与上面 SZ410788K 第 5 脚用绝缘导线相连并作为组合 LED 的第 9 列，该绝缘导线位于焊接面。

至此，还只是完成了把左边的上下两 LED 点阵串成了 16 列点阵，还要在上面那只 SZ410788K 的相应引脚（第 5、2、7、1、12、8、14、9 脚）焊点上，用绝缘导线连接到，从正面（元件面）来看，从左往右数，作为组合点阵的第 9、10、11、12、13、14、15、16 列的限流电阻上。

右边（从焊接面看）的 32P 双列插座焊脚上的组合连线与左边（从焊接面看）的连接规则完全一样。所不同的是，最后是把上面那只 SZ410788K 的相应引脚（第 5、2、7、1、12、8、14、9 脚）焊点，用绝缘导线连接到，从正面（元件面）来看，从左往右数，作为组合点阵的第 1、2、3、4、5、6、7、8 列的限流电阻上。

2. 点阵组合的行组合连线和焊接

关于点阵的行组合连线还要更加注意。行的组合连线全部布放在电路板的元件面，都架在两只 32P 双列插座上，要求有一定的活动性，以利于 4 只 SZ410788K 插入管座时，所有行连线能落在各引脚间的空隙中。从图 6-36、图 6-37 可知，两 IC（32P）插座间，只有 1 列空隙（焊孔）。行组合连线时需要精心利用这 1 列空焊孔，才能把左右两个半行连成一行。行组合连线一共要连成 16 行，这个空隙列，一共有 16 个空焊孔，刚好让每个空焊孔，给一行上的左右连接导线提供一个通孔，从而让连接软导线能从电路板元件面穿过通孔，得以焊接在 32P 插座的引脚上，如图 6-38 所示。

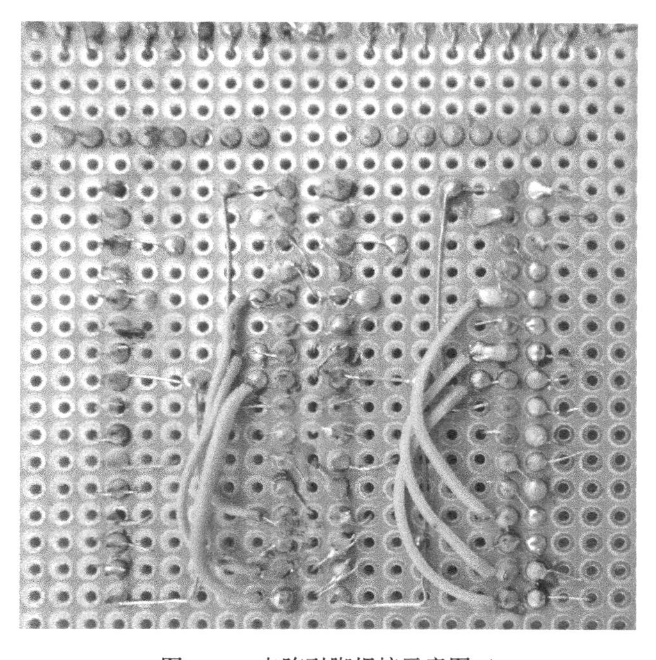

图 6-38　点阵引脚焊接示意图三

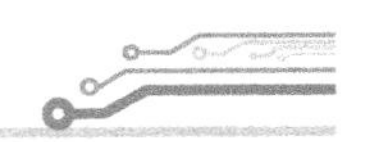

如图 6-38 所示，我们从电路板的焊接面来看，最左列的 16 个引脚焊点，从上至下依次是左边上面那只 SZ410788K 的第 16、15、14、13、12、11、10、9 脚，然后又依次是左边下面那只 SZ410788K 的第 16、15、14、13、12、11、10、9 脚。左起第 2 列的 16 个引脚焊点，从上至下依次是左边上面那只 SZ410788K 的第 1、2、3、4、5、6、7、8 脚，然后又依次是左边下面那只 SZ410788K 的第 1、2、3、4、5、6、7、8 脚。右边两列（左起第 3、4 列）各自的 16 个焊点，与左边两列对应相同。行组合连线，就是先把上面的左右两只 SZ410788K 的第 16、15、13、3、4、6、11、10 脚，同号相连，然后连到位右边第 1 列（左起第 5 列）上，依次作为组合点阵的第 8、7、1、2、3、5、6、4 行。行组合连线的焊接工作需要特别精细，这主要是在两 32P 插座间的空隙列的使用安排上。这一空隙列的 16 个空焊孔，从上至下依次是上面的左右两 SZ410788K 的第 16、15、13、3、4、6、11、10 脚的通孔，往下又是下面的左右两 SZ410788K 的第 16、15、13、3、4、6、11、10 脚的通孔。这一列空焊孔，主要用来穿导线，不要把它焊上锡了。要特别注意的是，第 13、3、4、11、10 脚的行连线，穿过通孔后，要焊在对角焊点上（斜向上或斜向下），这一点是焊接工作中最困难的地方，需要认真对待。下面阐述具体的焊接过程。

行组合连线一共需要 26 根 4.7cm 长的软导线，每根线的两端要剥出 0.6cm 长的裸芯线，并先都上好锡以备焊。焊接应从上往下一行一行进行。

① 使用两根焊接线。将两根焊接线的芯线头都穿过第 1 过孔，把两芯线头都同时焊在从焊接面来看右边的 LED 座的第 16 脚焊点上，然后将一焊接线的另一芯线头从紧邻左边 LED 座第 16 脚的焊孔穿过来，焊在左边 LED 座第 16 脚焊点上，此后，将另一焊接线的另一芯线头从紧邻右边 LED 座第 1 脚的焊孔穿过来，就焊在这个紧邻孔上（注意不要与第 1 脚焊点短路），并以此作为组合点阵第 8 行的引出线节点。

② 又使用两根焊接线。将两根焊接线的芯线头都穿过第 2 过孔，把两芯线头都同时焊在从焊接面来看右边的 LED 座的第 15 脚焊点上，然后将一焊接线的另一芯线头从紧邻左边 LED 座第 15 脚的焊孔穿过来，焊在左边 LED 座第 15 脚焊点上，此后，将另一焊接线的另一芯线头从紧邻右边 LED 座第 2 脚的焊孔穿过来，就焊在这个紧邻孔上（注意不要与第 2 脚焊点短路），并以此作为组合点阵第 7 行的引出线节点。

③ 又使用两根焊接线。将两根焊接线的芯线头都穿过第 3 过孔，把两芯线头都同时焊在从焊接面来看右边的 LED 座的第 13 脚焊点上（成对角焊），然后将一焊接线的另一芯线头从紧邻左边 LED 座第 13 脚的焊孔穿过来，焊在左边 LED 座第 13 脚焊点上，此后，将另一焊接线的另一芯线头从紧邻右边 LED 座第 3 脚的焊孔穿过来，就焊在这个紧邻孔上（注意不要与第 3 脚焊点短路），并以此作为组合点阵第 1 行的引出线节点。

④ 只使用一根焊接线。将焊接线的芯线头穿过第 4 过孔，把这芯线头焊在从焊接面来看左边的 LED 座的第 3 脚焊点上（成对角焊），然后将一焊接线的另一芯线头从紧邻左边 LED 座第 4 脚的焊孔穿过来，焊在右边 LED 座第 3 脚的焊点上（成对角焊），并以此作为组合点阵第 2 行的引出线节点。

⑤ 只使用一根焊接线。将焊接线的芯线头穿过第 5 过孔，把这芯线头焊在从焊接面来看

左边的 LED 座的第 4 脚焊点上（成对角焊），然后将一焊接线的另一芯线头从紧邻左边 LED 座第 5 脚的焊孔穿过来，焊在右边 LED 座第 4 脚的焊点上（成对角焊），并以此作为组合点阵第 3 行的引出线节点。

⑥ 只使用一根焊接线。将焊接线的芯线头穿过第 6 过孔，把这芯线头焊在从焊接面来看左边的 LED 座的第 6 脚焊点上，然后将一焊接线的另一芯线头从紧邻左边 LED 座第 6 脚的焊孔穿过来，焊在右边 LED 座第 6 脚的焊点上，并以此作为组合点阵第 5 行的引出线节点。

⑦ 使用两根焊接线。将两根焊接线的芯线头都穿过第 7 过孔，把两芯线头都同时焊在从焊接面来看右边的 LED 座的第 11 脚焊点上（成对角焊），然后将一焊接线的另一芯线头从紧邻左边 LED 座第 11 脚的焊孔穿过来，焊在左边 LED 座第 11 脚焊点上，此后，将另一焊接线的另一芯线头从紧邻右边 LED 座第 7 脚的焊孔穿过来，就焊在这个紧邻孔上（注意不要与第 7 脚焊点短路），并以此作为组合点阵第 6 行的引出线节点。

⑧ 又使用两根焊接线。将两根焊接线的芯线头都穿过第 8 过孔，把两芯线头都同时焊在从焊接面来看右边的 LED 座的第 10 脚焊点上（成对角焊），然后将一焊接线的另一芯线头从紧邻左边 LED 座第 10 脚的焊孔穿过来，焊在左边 LED 座第 10 脚焊点上，此后，将另一焊接线的另一芯线头从紧邻右边 LED 座第 8 脚的焊孔穿过来，就焊在这个紧邻孔上（注意不要与第 8 脚焊点短路），并以此作为组合点阵第 4 行的引出线节点。

下面左右两个 LED 座的行组合连线，与上面完全相同，只是在组合行线的序号上，须在原数上加 8。例如，下面左右两个 LED 座第 10 脚的引出线节点，就应是组合点阵第 12 行的连接点。

点阵组合时的其余焊接注意事项，如图 6-39 所示。

图 6-39　点阵引脚焊接示意图四

6.6.5 16×16 点阵汉字的写入与显示步骤

先将地址线 A4 置为 0 电平，把“科”字的点阵数据写入两片 HM6264 并正常显示后，再将地址线 A4 置为 1 电平，又把“学”字的点阵数据写入两片 HM6264，显示正常后即完成。

1. 将“科”字写入 HM6264

首先将两个 8 位的拨码开关全部断开，给 16×16 点阵汉字显示电路加上 5V 电源（用一般变压整流稳压电源，不要用开关电源，有些开关电源容易在加电时产生误写脉冲），将 T1 掷于地，即令地址 A4 为 0 电平。然后将 K0、K1 按下并锁定，电路转为写状态。按下 K3 后又释放 K3，让组合点阵的第一行有效（全亮），如果不是第一行有效，就要多次按下 K3 后又释放 K3，即通过连续计数来计数至第一行有效，也就是必须保证第一行有效。然后把“科”字的第一行点阵数据用拨码开关设定，即 0 的位开关接通，1 的位开关断开，设定后只有两个点发光，如图 6-40 所示，检查正确后，按下 K2 后又释放 K2（多操作几次无妨），这就把第一行点阵数据写入了 HM6264；再按一下 K3（只产生一个手动时钟），让组合点阵的第二行有效（必须是第二行有效），把“科”字的第二行点阵数据用拨码开关设定，第二行只有 4 个点发光，如图 6-41 所示，检查正确后按一下 K2，就把第二行点阵数据写进了 HM6264；再按一下 K3（只产生一个手动时钟），让组合点阵的第三行有效（必须是第三行有效），把“科”字的第三行点阵数据用拨码开关设定，检查正确后按一下 K2，这就把第三行点阵数据写进了 HM6264；如此继续，按这个规则，使第几行有效，就把相应行的点阵数据写入存储电路。

图 6-40 “科”字第一行点阵设置图示

图 6-41　“科”字第二行点阵设置图示

把整个科字的点阵数据按行写入 HM6264 存储器后，释放 K0 和 K1，电路转为读状态。此时，将两个 8 位的拨码开关全部断开，即显示出所写的“科”字。此后，进行下一步。

2. 将“学”字写入 HM6264

“学”字的二进制点阵数据如下：

00100010，00001000，00010001，00001000，00010001，00010000，
00000000，00100000，01111111，11111110，01000000，00000100，
10000000，00000100，00011111，11100000，00000000，01000000，
00000001，10000100，11111111，11111110，00000001，00000000，
00000001，00000000，00000001，00000000，00000101，00000000，
00000010，00000000

先保持电路的读状态，将 T1 掷于中空状态，即地址线 A4 被上拉电阻拉为 1 电平，然后将 K0、K1 按下并锁定，电路即转为写状态。然后完全按照上面把“科”字的点阵数据写入电路的步骤和方法，把“学”字的 16 行点阵数据，一行接一行地写入 HM6264。

把整个学字的点阵数据按行写入 HM6264 存储器后，释放 K0 和 K1，电路转为读状态。此时，将两个 8 位的拨码开关全部断开，即显示出所写的“学”字，如图 6-42 所示。此后，进行下一步。

3. 让 16×16 点阵汉字显示屏轮换显示“科”字和“学”字

保持电路的读状态不变，将 T1 掷于 E 接点，也就是把地址线 A4 接于 74HC4060 的 Q14 端（第 3 脚）上，LED 显示屏就轮换显示“科”字和“学”字了。

图 6-42　LED16×16 点阵的“学”字显示效果图

小　结　6

（1）半导体存储器分为两大类。一类称为只读存储器（ROM），另一类称为随机存储器（RAM）。

（2）只读存储器是要预先把数据写入存储器芯片，断电后数据不会丢失，在正常运作时只能从存储器中读取数据的存储器。

（3）随机存储器是在正常运作时既可把数据写入存储器，又可从该存储器芯片中读取其被写数据，断电后数据全部消失的存储器。

（4）手工编程：不使用任何微处理器指令，只要加上地址信息、数据信息、编程电压和编程脉冲，就可完成对一个地址单元的数据写入。

（5）W27C512 的编程步骤。

（6）HM6264 的读写步骤。

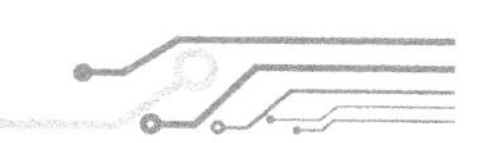

习　题　6

1. 半导体存储器是用来存储 ____________________的大规模集成电路，半导体存储器分为____________________和________________________两大类。

2. 要预先把数据写入存储器芯片，断电后数据不会丢失，在正常运作时只能从存储器中读取数据的存储器称为_______________，它主要用来存储系统中重要的指令或数据等，可保证指令和数据不被修改。

3. 在正常运作时既可把数据写入存储器，又可从该存储器芯片中读取其被写数据，断电后数据全部消失的存储器称为_________________，它用在数据需要现写、现读、现改的工作场合。

4. 存储器 IC 的外引线结构中有_______线、______线、______线和 _______________线。

5. 每片存储器 IC 都有很多个存储单元，用_________线来确定每个存储单元的位置，并用 A0 来表示____________________。每个存储单元都存储 ____位二进制信息，称其为 1 个________，用_______表示。有 10 根地址线的存储器共有______个存储单元，用______表示。

6. EPROM 27512 有 16 根地址线，它的容量为________________；EPROM 27256 有 15 根地址线，它的容量为__________________；EPROM 27128 有 14 根地址线，它的容量为_______________；EPROM 27642 有 13 根地址线，它的容量为_______________。

7. 写出：在自制的手工编程器上，对 W27C512 的 FFFDH 地址写入 92H 的编程过程。

第 7 章 16路实用抢答器的设计与制作实训

本章介绍的 16 路抢答器，具有很大的实用价值和很高的使用性能。配上大尺寸的 LED 数码管和机箱，加大音响电路的工作电压，就能进入正式场合使用或转为产品开发。它能把我们从数字电路的技术学习，提升到数字电路的产品研发，非常值得动手一试。

7.1　16 路抢答器的功能设计

为了让我们所制作的抢答器能更多、更好地适用于大中型抢答活动，首先要把抢答路数定得多一些，一般是 8 路，我们这里设计为 16 路，以满足各种活动的规模需求。然后，要考虑抢答器的实用要求，就是必须配有计时器，这里采用两位数的秒计数器。为了区别抢答等待和抢答产生这两种场景气氛，分别采用两种计秒方式。主持人启动“开始”开关起，至抢答产生时为止，系统进行 60s 倒数计秒显示，倒数计秒到 0 时，系统自动锁定 0s 显示和关闭抢答操作，同时发出音响提示，所有抢答开关无效；抢答产生时，系统立即锁定并显示抢答组号，同时给出音响提示，且系统从 0 开始进行 99s 的顺计时，计到 99s 后归零重新顺计秒。为了渲染抢答活动中抢答产生前的紧张气氛，倒计时的秒显示采用了闪烁形式，闪烁频率为 2Hz。在计秒器的倒数计秒和顺计秒过程中，主持人可以终止计秒。

7.2　16 路抢答器的电路设计

从电路的功能效用上来分，16 路抢答器电路由四部分组成：

（1）16 路抢答锁存判定与显示电路；

（2）计秒显示与时限功能电路；

（3）抢答声响电路；

（4）整机电源电路。

下面给出电路设计。

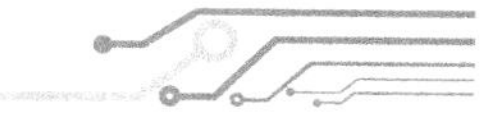

7.2.1 16 路抢答锁存与判定显示电路设计

1. 16 路抢答锁存电路设计

同第 3 章中的 8 路抢答电路类似，在这个电路设计中，我们同样用 74HC573 作为锁存器件。也同样在 74HC573 的各 D 输入端加上拉电阻，并用抢答开关的对地短路来制造抢答行为。

可否在 74HC573 的各 D 输入端加下拉电阻，并用抢答开关与+5V 接通来制造抢答行为呢？肯定地说，这种手法应该是可以的。首先，抢答器的抢答逻辑是“任一条件”逻辑关系，即在所有相关条件中只要有一个条件产生就出现断然结果，从逻辑关系上应是“或”逻辑。以 8 路抢答电路为例，我们也可以在 74HC573 各 Q 端加下拉电阻，把抢答开关接在 VCC 上，把 74HC573 各 Q 端接在 8 输入端或门上，并把这或门的输出端通过反相器接 74HC573 的锁存端。抢答未产生时，74HC573 所有 D 端为低电平，这就使所有 Q 端全为低电平，因此 8 输入端或门因输入端全为低电平而输出端为低电平，经反相器反相后为高电平，74HC573 处于直通状态，当抢答产生时，8 个 D 输入端中有了一个高电平，使 8Q 输出端也有了一个高电平，8 输入端或门就输出一个高电平，经反相为低电平，即 74HC573 进入锁存状态。锁存状态下，74HC573 各 D 端的变化不能再影响各 Q 端，即抢答现场被锁定。这种抢答方案主要是 8 输入端或门数字 IC 芯片型号难找，实际上有所不便。另外，这种方案除了在抢答锁存环节上 8 输入端或门电路芯片难寻外，在抢答判定显示环节所需的编码电路芯片同样难找。因为这种方案中抢答是高电平有效，而 74HC148 是编码输入低电平有效，因此不能被直接使用。所以，在前面的 8 路抢答器电路中，由于数字 IC 芯片器材可购性上的原因，我们选择了 74HC30 八输入端与非门芯片与 74HC148 的组合。前面已经说明，抢答器的工作逻辑是“任一条件”的或逻辑关系，74HC30 八输入端与非门为什么又变成了“任一条件”的逻辑关系了呢？答案源于反演律，本书在 1.3.4 节已经指出，把摩根定理（反演律）推广到 8 变量情形，就有 $\overline{ABCDEFGH} = \overline{A} + \overline{B} + \overline{C} + \overline{D} + \overline{E} + \overline{F} + \overline{G} + \overline{H}$。

根据反演律，与非门就是“非或门”，也同样是一种“任一条件”逻辑关系。由于作为“非或门”使用，抢答输入就要定义为低电平有效，即在锁存器 74HC573 的各 D 输入端接上拉电阻，并用抢答开关的对地短路来形成抢答行为。

对这一 16 路抢答器，参照前面的 8 路抢答电路，我们用两片 74HC573 和两片 74HC30 来实现 16 路抢答电路的基本锁存关系。这就是说，16 路抢答可看成由两个 8 路抢答组合而成。组合时从锁存器的关联来看，无论是哪片 74HC573 上产生的抢答信号，都必须让两片 74HC573 被锁存，即两片 74HC573 应被同时锁存和同时解锁，由于锁存端本身是 74HC573 的输入端，而对输入端来说，就可以把其并接在一个控制点上，这个控制点的任务，要由两片 74HC30 门电路输出端共同担任。而对输出端来说，是不能用并接的方法来实现共同作用的，需要用门电路来实现这种两个输出端的共同任务。

由于用 74HC30 来实现对各抢答信号的监测时，抢答信号是低电平有效，即在抢答未产生时，74HC30 的所有输入端全为 1 电平，由 74HC30 的逻辑功能可知 8 个 1 信号相与，与门输出为 1 信号，再经过它的非逻辑运算，可知最终输出 0 信号；当抢答产生时，74HC30 的一个输入端为0信号，于是74HC30的与逻辑运算结果为0，再经非逻辑运算，最终输出为1信号。要使两个1信号中任一个出现都产生锁存信号，显然是用或逻辑的运算，即两个30的输出要接在一个2输入端的或门电路上。于是，在抢答未产生时，这个或门电路输出端为0电平，当抢答产生时，这个或门电路输出端为1电平，必须利用该1电平输出，去立即锁存两片74HC573。

这就与第3章中8路抢答器的锁存机制完全相同了，抢答产生时必须置74HC573的锁存端LE为0电平，因此需要将抢答产生时或门电路输出的1电平控制信号，反相后接两个74HC573的锁存端。这样，就应当在或门电路输出端接一具有反相功能的非门电路，而非门电路的输出端就应接两个74HC573的锁存端。锁存电路如图7-1所示。

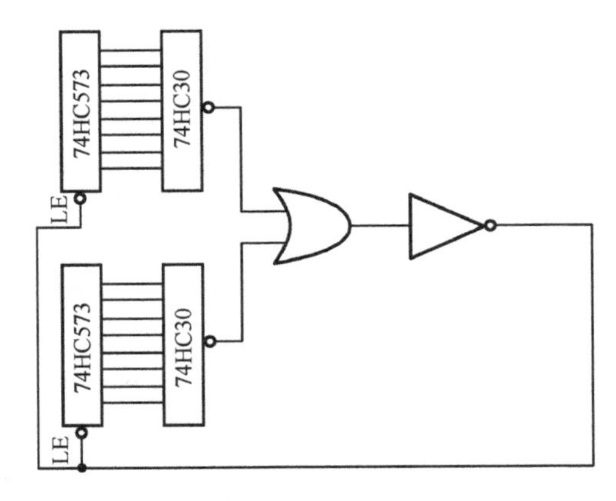

图7-1　16路抢答锁存逻辑图一

再把这一抢答锁存联动机制做一梳理，当抢答行为未出现时，两个74HC573的所有D输入端全为高电平，其所有Q输出端也全为高电平，两个74HC30的所有输入端也全为高电平，因此，两个8输入端与非门74HC30的输出端均为低电平，于是或门电路的两个输入端均为低电平，因此这个或门电路的输出端为低电平，从而非门电路输出为高电平，由于这个非门电路输出端接74HC573的锁存端，因此两个74HC573锁存端为高电平，处于直通状况。当抢答出现时，即有一个D输入端为低电平，由于此时74HC573仍处于直通状态，因此有一个Q输出端为低电平，使得一74HC30中有一输入端为低电平，从而其输出端为高电平，进而使或门电路因输入端有了一个高电平而输出高电平，这一高电平经非门后为低电平，从而令74HC573转为锁存状态。74HC573进入锁存状态后，各Q输出端就不受D输入端的影响，后来再按下的抢答开关一律无效，即抢答现场被锁存。

第一轮抢答结束后要进行第二轮抢答，也就是要解除锁存。这需要在上述的锁存联动机制中增加一个解除环节。解除环节主要是将非门换为2输入端与非门，它的一个输入端接或门输出端，另一输入端接一受控电路，受控电路一般情况下为高电平，当用手动开关解除锁存时，受控电路立即变为低电平，与非门因一输入端为低电平从而输出高电平，即让两74HC573锁存端为高电平，于是解除锁存。这个手动开关就是主持人的发令开关，只要主持人一按开关，两74HC573就由锁存状态突变为直通状态以备抢答。这就是说，为了能够解除锁存，需要把非门换成与非门，以利用与非门的另一输入端引入解除锁存的控制信号。增加了解锁功能的锁存电路如图7-2所示。

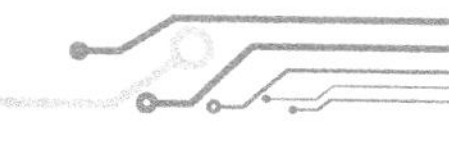

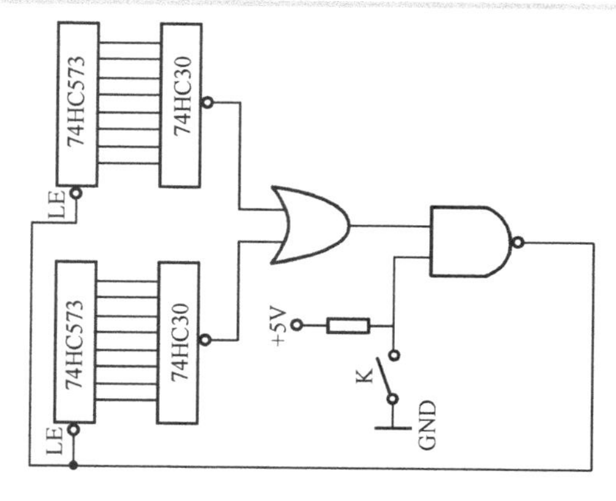

图 7-2　16 路抢答锁存逻辑图二

我们在前面的功能设计中已经指出，当抢答号令发出后，60s 倒计时内出现无人抢答，当计到 0 时，系统就要关闭抢答，让任何抢答开关都失去作用。关闭功能同样用锁存两 74HC573 来实现，为叙述方便，把这种时间限制上的锁存称为限时锁存，而把上述那种按抢答开关产生的锁存称为抢答锁存。必须注意，限时锁存和抢答锁存两者之间是 0 电平上的“任一条件”逻辑关系，即只要有一个 0 电平，输出就是 0 电平，因此应用与门电路来实现。也就是将 2 输入端与门的一个输入端，接上面所说的与非门输出端（抢答锁存），另一输入端接计时控制板上的 RS 触发器的 Q 输出端，倒计时电路计到 0 时，将复位 RS 触发器，也就是让与门输出端输出低电平，从而将两只 74HC573 予以锁存。增加了限时锁存功能的锁存电路如图 7-3 所示。

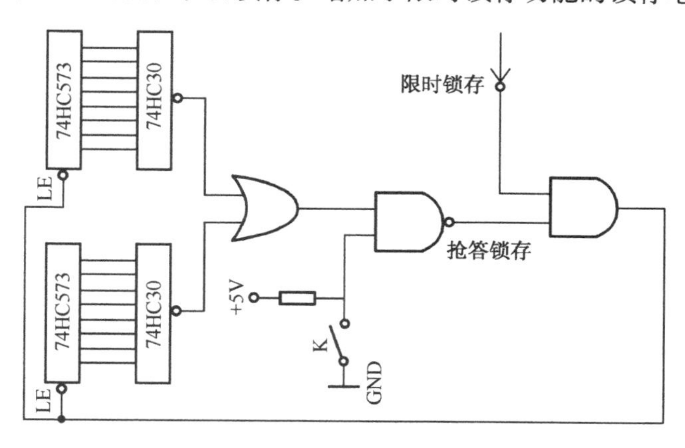

图 7-3　16 路抢答锁存逻辑图三

到此，我们就完成了有两种锁存功能和解除锁存功能的 16 路抢答器锁存系统设计。图 7-3 中的与门电路可用 74HC08 中的一个门电路，或门电路可用 74HC32 中的一个门电路，与非门电路可用 74HC00 中的一个门电路。这三个 IC 都由四个完全相同的门电路组成，多余的那些门电路可做他用或空着。

需要说明的是，与非门电路中的一个输入端，应当接主持人按下控制开关后所产生的低电平端子。在我们这个电路中，这一低电平端子是用 74HC00 中的另一个与非门来完成的，即将与非门的两输入端并接后成为一个“非门”，并接后的输入端接于一个下拉电阻和这个控制开

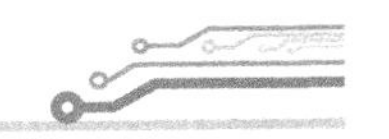

关的一端，将开关的另一端接+5V。当开关未按下时，这个“非门”的输入端为低电平，则其输出端为高电平，当开关按下时，这个“非门”的输入端为高电平，则其输出端为低电平，要把这个“非门”的输出端接在与非门的一个输入端上。当按下主控开关时，使与非门输出端为高电平。同时，还要利用这个“非门”电路输出的低电平去触发（置 1）计时控制电路板上的那个 RS 触发器，那个 RS 触发器的输出端反过来接与门电路的一个输入端，这样当主控开关按下时，与门电路的两个输入端都为高电平，从而输出为高电平，以解除锁存。

16 路抢答器具体的抢答锁存和锁存解除电路，见图 7-8 所示电路中的 74HC32、74HC00 和 74HC08 相关部分。在这一电路板上，要用 4 根杜邦线与计时控制电路板对接。即这个图中的“1”表示的接点要与那个计时控制电路中的“1”表示的接点相连接，这个图中的“2”表示的接点要与那个计时控制电路中的“2”表示的接点相连接，即一一对应连接。其中“1”接点，是抢答电路板输出的抢答产生的低电平有效信号，用以启动抢答产生后的顺计时计秒，“2”接点用以接受计时控制电路板中 RS 触发器输出的锁存（0 电平）和解除锁存信号（1 电平），“3”接点用来输出抢答产生的高电平有效信号，“4”接点用来输出解除锁存的低电平有效信号。这 4 个连接信号的控制机制，将在计时控制电路的分析时说明。

2. 16 路抢答判定显示电路设计

在第 3 章的 8 路抢答器中，判定显示电路是用编码器和显示译码器及 LED 数码管来实现的。对 16 路抢答器而言，编码器可用两 8 线-3 线来合成一 16 线-4 线编码器，但要把 4 位二进制数转化为两位 BCD 码存在很大困难。在此用只读存储器 W27C512 来实现译码和编码功能。因为 W27C512 有 16 根地址线，所以能非常简单地构成 16 线输入，而存储器的每个地址单元可存储 8 位的二进制数，刚好用其中的 7 位来构成七段数码管的笔段码，剩下的 1 位恰好可用来控制十位数码管上的“1”字样的显示与否（笔段 b、c 同时亮或同时不亮）。因此，我们就用一片新的（或完全擦除干净的）W27C512，在手动编程器上把它编程为 16-“16”编码译码器。因为未编程的所有地址单元的内容全为 11111111，就不能用 1 作为发光条件，而要用 0 电平作为发光条件，以免非抢答地址造成数码管各笔段的全亮现象，当然这就需要使用共阳极型号的数码管，具体型号用的是 QH5611BS。由于抢答器的抢答产生是低电平有效，即 15 个“1”和 1 个“0”的 16 位排列，因此 16 路抢答形成的 16 个有效抢答地址及编程内容见表 7-1。

表 7-1　16 个抢答地址及其“1+7”笔段码

序号	16 位地址	D7	D6	D5	D4	D3	D2	D1	D0
		bc	a	b	c	d	e	f	g
1	1111 1111 1111 1110	1	1	0	0	1	1	1	1
2	1111 1111 1111 1101	1	0	0	1	0	0	1	0
3	1111 1111 1111 1011	1	0	0	0	0	1	1	0
4	1111 1111 1111 0111	1	1	0	0	1	1	0	0
5	1111 1111 1110 1111	1	0	1	0	0	1	0	0
6	1111 1111 1101 1111	1	0	1	0	0	0	0	0

续表

序号	16 位地址	D7	D6	D5	D4	D3	D2	D1	D0
		bc	a	b	c	d	e	f	g
7	1111 1111 1011 1111	1	0	0	0	1	1	1	1
8	1111 1111 0111 1111	1	0	0	0	0	0	0	0
9	1111 1110 1111 1111	1	0	0	0	0	1	0	0
10	1111 1101 1111 1111	0	0	0	0	0	0	0	1
11	1111 1011 1111 1111	0	1	0	0	1	1	1	1
12	1111 0111 1111 1111	0	0	0	1	0	0	1	0
13	1110 1111 1111 1111	0	0	0	0	0	1	1	0
14	1101 1111 1111 1111	0	1	0	0	1	1	0	0
15	1011 1111 1111 1111	0	0	1	0	0	1	0	0
16	0111 1111 1111 1111	0	0	1	0	0	0	0	0

利用我们自制的手工编程器，把 W27C512 只读存储器编程为市场上无法买到，高性能抢答器又必不可少的专用器件，是我们设计与制作中最关键的一步，必须精心操作。按表 7-1 所示数据，在手工编程器上，对 W27C512 的编程和检验过程如下。

（1）关断 5V 和 12V 电源，把全新（或已全部擦除）的 W27C512 插入电路板。

（2）将 OE 引脚改接编程电压（12V）端，CE 引脚改接编程脉冲端，先只接通 5V 电源，再将下面拨码开关最左边的位向上拨到位（A0 地址线指示灯熄有效），其余全部断开（另外 15 个地址线指示灯亮有效），再将数据用拨码开关设置为“11001111”（数据指示灯从上往下为“亮亮熄熄亮亮亮亮”则正确），然后接通 16V 电源（编程电压指示灯亮有效），此时手工编程器通电及连接状况如图 7-4 所示。按下并释放编程按键开关，然后迅速关断 16V 电源，抢答序号 1 的 8 位“1+7”笔段码编程完成。

（3）将下面拨码开关左起第二位向上拨到位（A1 地址线指示灯熄有效），其余全部断开（另外 15 个地址线指示灯亮有效），并将数据用拨码开关设置为“10010010”（数据指示灯从上往下为“亮熄熄亮熄熄亮熄”则正确），然后接通 16V 电源（编程电压指示灯亮有效），此时手工编程器通电及连接状况如图 7-5 所示。按下并释放编程按键开关，然后迅速关断 16V 电源，抢答序号 2 的 8 位“1+7”笔段码编程完成。

（4）14 次按照第（3）步的操作过程，完成抢答序号 3 ~ 16 的“1+7”笔段码编程。

（5）关断且取下 16V 电源，把 CE 端、OE 端改接地，并将数据设置开关全部断开。

（6）将下面拨码开关最左边的位向上拨到位（A0 地址线指示灯熄有效），其余全部断开（另外 15 个地址线指示灯亮有效），数据指示灯从上到下“亮亮熄熄亮亮亮亮”为正确，如图 7-6 所示。这就是抢答序号 1 的 8 位“1+7”笔段码。

（7）将下面拨码开关左起第二位向上拨到位（A1 地址线指示灯熄有效），其余全部断开（另外 15 个地址线指示灯亮有效），则编程器应显示抢答序号 2 的 8 位“1+7”笔段码，数据指示灯从上到下为“亮熄熄亮熄熄亮熄”，如图 7-7 所示。

（8）按相类似的方法，检验完其余 14 个序号。

检查无误后，就可将编程正确的 W27C512 用于 16 路抢答器电路板上。

图 7-4 抢答序号 1 的 8 位“1+7”笔段码编程示意图

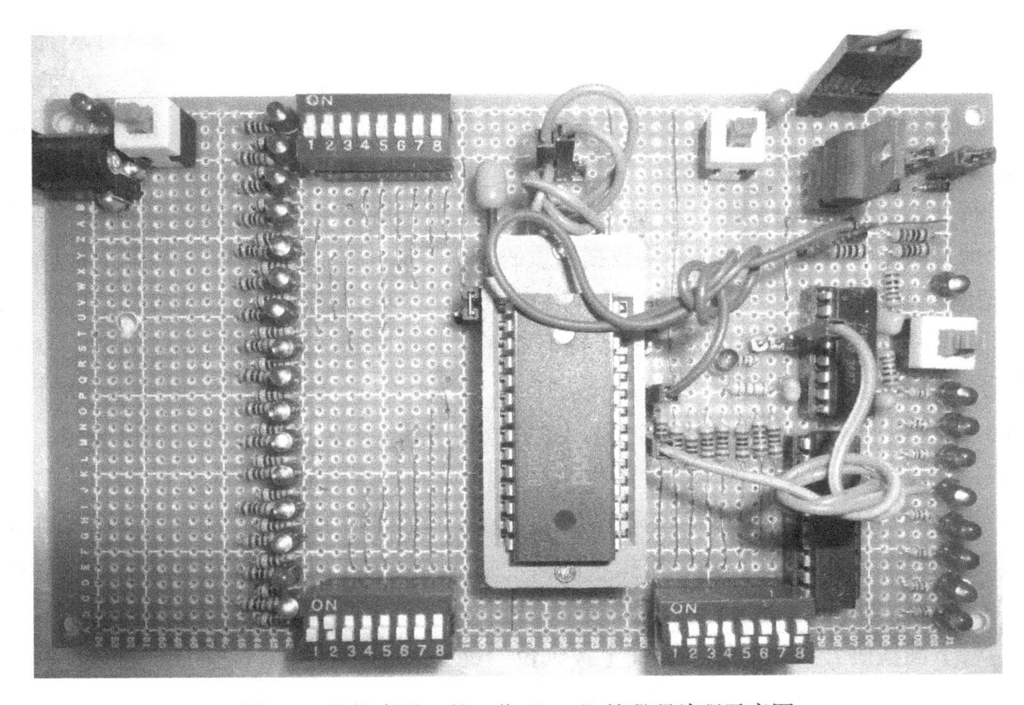

图 7-5 抢答序号 2 的 8 位“1+7”笔段码编程示意图

图 7-6　抢答序号 1 的 8 位“1+7”笔段码检查示意图

图 7-7　抢答序号 2 的 8 位“1+7”笔段码检查示意图

现分析抢答判定显示电路的工作原理（图 7-8）。当抢答产生时，两个 74HC573 的 16 个 Q 输出端中有一个为低电平，其余 15 个全为高电平，这就相当于表中的一个抢答有效地址，因此将显示一个抢答组号。由此可知，对每一个抢答开关，都绑定了一个抢答组号。

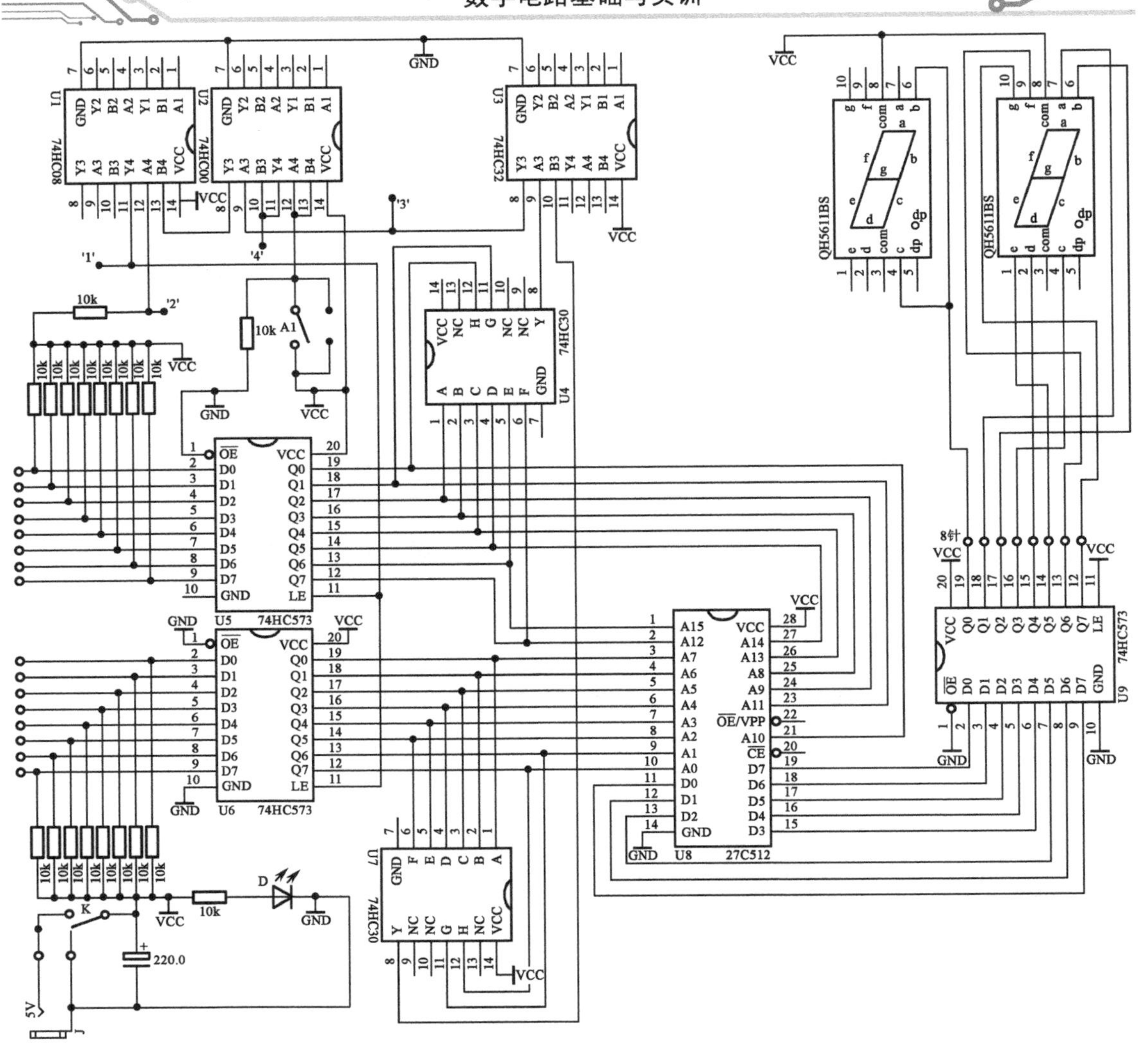

图 7-8 16 路抢答锁存与判定显示电路原理图

7.2.2 抢答计时控制及显示电路设计

1. 电路功能设计

为实现顺计时和倒计时两种计时功能，计时控制电路中的计时系统要由两片可预置的 BCD 加减计数器 74HC192 构成。用主持人按下抢答启动开关所产生的低电平，将预置计时数 6 和 0，分别装入十位上的 BCD 计数 IC 和个位上的 BCD 计数 IC，释放后即开始 60s 倒计数。用抢答锁存产生的低电平将减法计数状态改为加法计数状态，同时用相应的下降沿去触发两个单稳态触发器，一个（极窄脉冲）用来复位两个 BCD 计数器，另一个（极宽脉冲）用来打开声响电路（时长几秒）。另外，还要用译码电路将倒计时到 00 的状态译出来，以关断计数时钟并触发（置 0）RS 触发器，用 RS 触发器的 0 状态完成限时关闭抢答。

为保证计时系统的计时精度，计时时钟用 32768Hz 晶振电路和 15 级分频电路形成，用

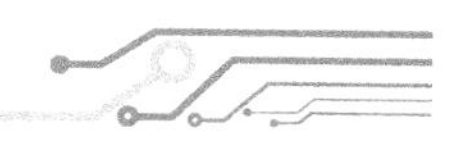

74HC4060 构成晶振电路和 14 级分频电路。74HC4060 除了提供秒计数时的秒脉冲信号外，还为倒计时两位数的秒显示提供 2Hz 的闪烁控制信号，以及为声响电路提供音频信号源。

计时控制及显示电路设计为两种计时形态。加法计秒时秒脉冲须接通加法时钟端，此时减法时钟应接高电平；减法计秒时秒脉冲须接通减法时钟端，这时加法时钟端应接高电平。这就需要一“双刀双掷”的电子开关来切换。具有“双掷”功能的数字电路芯片有 74HC157，它被称为四组 2 输入端数据选择器。本电路中只用了两组，另外两组未用。数据选择端接 74HC08 输出端，注意让直通电平选择倒计时时钟，用锁存电平选择顺计时时钟。74HC157 的引脚图及功能表见本书 3.3 节。

为了让 60s 倒计时倒计到 00s 时产生关闭抢答功能，需要将两位 BCD 码的 00 状态译码。由于每位 BCD 码用 4 位二进制数表示，两位 BCD 码就要用 8 输入端的门电路来译码，译码的特定对象是 8 位二进制数全为 0，即 00000000。条件“全 0”的逻辑关系在逻辑上可用“任 1”的或逻辑关系来实现，因此就使用“正或门”电路。但 8 输入端或门电路不易获得，就用三组 3 输入端或门来代替。三组 3 输入端或门，只能合成一个 7 输入端或门，看来还有点不够。不过。因为我们设计的是 60s 倒计时，十位上的“6”只用 3 位二进制数即可表示，因此刚好够用。如图 7-9 所示为 16 路抢答器抢答计时控制及显示电路原理图。

2. 电路原理图设计

抢答计时控制及显示电路中，用“数字”标注的接点表示要与抢答锁存判定显示电路板上的“数字”标注接点对应相连，用“字母”标注的接点表示要与同一电路板上的相同字母接点相连。下面，主要以各数字 IC 为主线，简述计时显示及控制电路的工作原理。

（1）U1 为 74HC4060 或 CD4060，它用其外围的晶振和阻容元件构成 32768Hz 的振荡电路，它自带了 14 级分频电路，U2 为 74HC74，用它的一个 D 触发器来构成计数触发器，这个计数触发器和 74HC4060 的 14 级分频器串联为 15 级二分频器，即把 74HC4060 产生的 32768Hz 方波脉冲，分频为秒计数脉冲，提供给整个秒计数电路使用。U2 的另一个 D 触发器用来作为 RS 触发器使用，其 Q 输出端接 U6 中一个与非门的输入端，用以控制这个与非门另一输入端上的秒脉冲信号。这个 D 触发器的复位端接了一上拉电阻和复位开关，按一下复位开关，将触发器置 0，则 U6 中第 1 个与非门输出信号被关断，以终止秒计数，终止后不能继续，只有重新开始抢答的低电平加在 D 触发器的置位端上，秒脉冲通道才被打开。

（2）U3、U4 的作用是把两位 BCD 码译成供两位数码管显示所需的七段笔画码，具体型号是 74LS248，它的有关控制功能中，只使用了灭灯功能，用来产生 2Hz 的闪烁功能。具体是把两 74LS248 的灭灯输入端接 U6 的第三个与非门的输出端，这个与非门的一个输入端接 74HC4060 的 Q14 输出端，另一输入端作为控制端。当控制输入端为高电平时，74HC4060 的 Q14 输出端输出的 2Hz 方波信号，可以通过该与非门而加在两 74LS248 的灭灯输入端上，使秒计数显示产生闪烁；当控制输入端为低电平时，该与非门输出端为高电平，则两 74LS248 的灭灯输入端为高电平，两位秒计数显示正常发光。

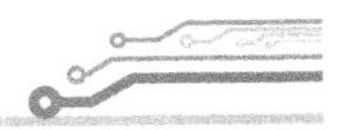

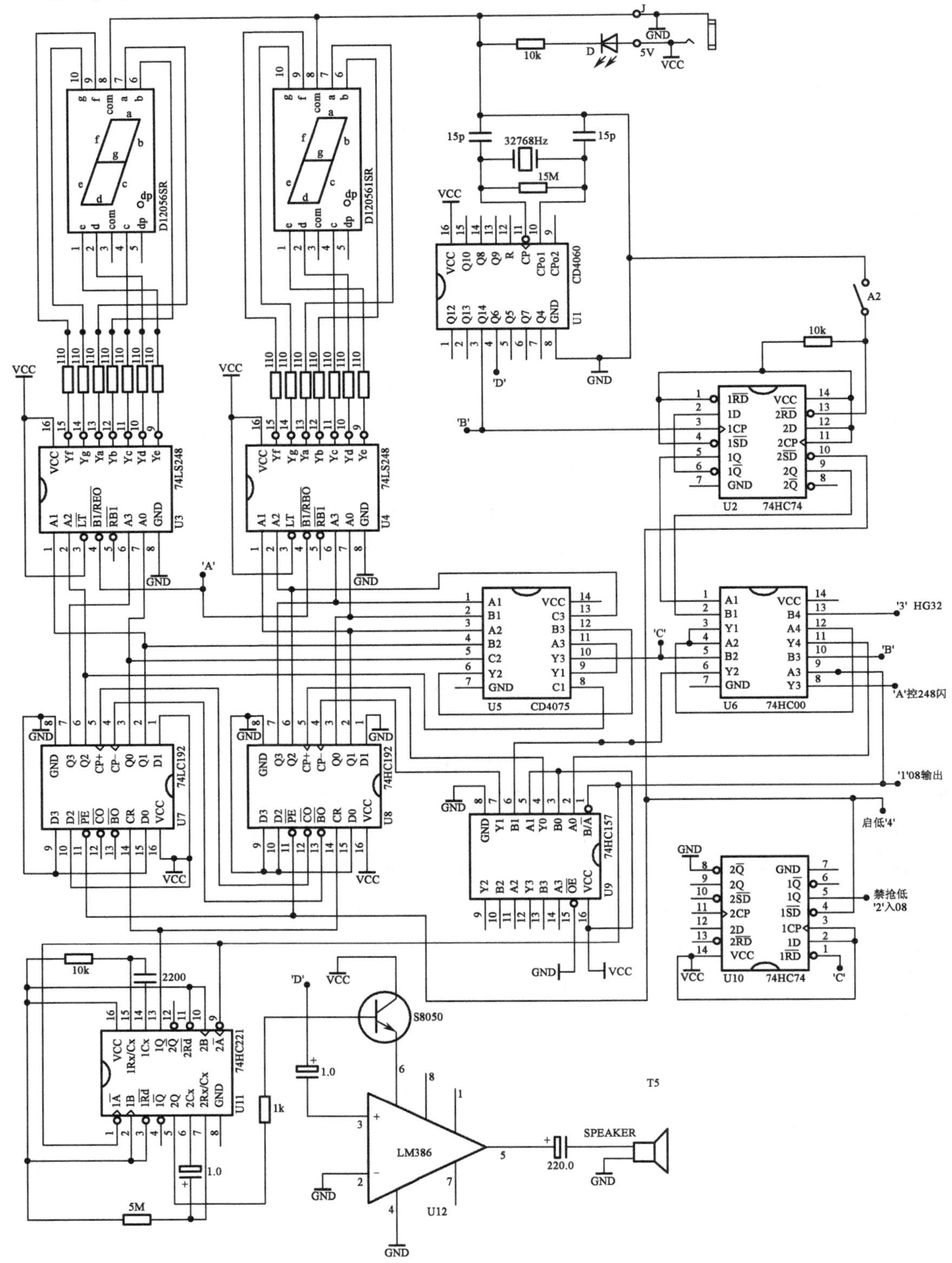

图 7-9　16 路抢答器抢答计时控制及显示电路原理图

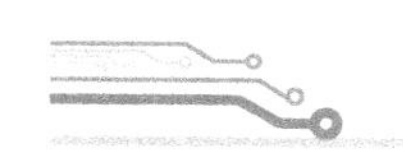

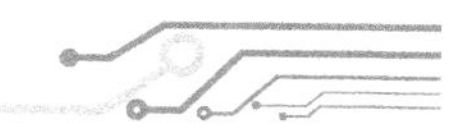

（3）U7、U8是两位秒计数电路的核心器件，具体型号用的是74HC192。本电路中秒计数电路有两种起始计秒方式：装入计秒，复位计秒。装入计秒计数从60开始，复位计秒从00开始。装入计秒对应于倒计时方式，复位计秒对应于顺计时方式。装入计秒方式下，计秒秒脉冲要加在74HC192的减法时钟端上，复位计秒方式下，计秒秒脉冲要加在74HC192的加法时钟端上。因此，个位上的74HC192的加法时钟端和减法时钟端要分别接在U9的两数据选择器的输出端上，十位上的74HC192的加法时钟端和减法时钟端要分别接在个位计数器的进位输出端和借位输出端上，计秒秒脉冲的选择接通是利用U9的数据选择功能来实现的。74HC192的PE端就是装入使能端，低电平有效。PE端接在抢答锁存板上的“4”接点上，当主持人按下启动开关时，其“非门”电路输出低电平，即PE端为低电平，从而把预置数据装入74HC192，主持人释放启动开关后，其“非门”电路输出高电平，74HC192开始进行减法计数。复位计秒的复位处理要复杂一些。复位计秒是从抢答产生开始复位，74HC192的复位是高电平有效，抢答产生后，抢答锁存电路板上74HC32输出端的是高电平，但复位端复位以后必须转为低电平，才开始计数，因此要使用单稳态电路，用其暂稳态（高电平）复位74HC192，暂稳态过后恢复为常态（低电平），74HC192就从0开始计数。于是，电路中的两74HC192的复位端要接在74HC221中第1个单稳态触发器的Q输出端。电路利用抢答锁存产生的下降沿，去触发U11中的第1个单稳态触犯发器，74HC192的4个D输入端用来预置计数初值。电路中，十位上的BCD计数器U7的预置数为6，因此其D3、D0接GND，D2、D1接VCC，个位上的BCD计数器U8的预置数为0，因此4个D输入端均接GND。

（4）U5用来译出倒计时成00的计时信息，具体型号用的是74HC4075（也可用CD4075），把三个3输入端或门电路，组合成一个7输入端的或门电路。在60～01的倒计时范围内，两位BCD码加于这个或门的7个 输入端都不会为全0，因此其输出为1电平，倒计时为00时，这个或门的7个 输入端全为0，因此其输出为0电平，电路特别利用了这个0电平信号，产生两个控制作用。一是用这个0电平去关闭减法时钟，见U6第2个与非门的电路连接，二是用这个0电平触发（置0）RS触发器，利用RS触发器Q输出端的0电平去锁存（通过74HC08与门电路）两74HC573，从而达到限时关闭抢答的目的。

（5）U6为四组2输入端与非门74HC00，这里主要是使用其“与逻辑”的控制作用。它的第1个与非门用来控制秒计数脉冲，即利用U2的第2个触发器输出的0电平关断与非门另一输入端上的秒计数脉冲，以实现秒计数的终止。第2个与非门用来控制倒计时所需的减法时钟，即用74HC4075输出的0电平关断另一输入端上的秒计数脉冲。第3个与非门用来控制U3、U4的显示灭灯，即利用抢答产生的0电平关断另一输入端上的2Hz方波信号。第4个与非门用来控制顺计时所需的秒计数脉冲，即用抢答产生后的高电平开通另一输入端上的秒计数脉冲。

（6）U9为四组2输入端数据选择器74HC157。这里只用了两组。其输出使能端OE接地以允许输出，其数据选择端B/A接抢答锁存显示电路上的“1”接点，抢答产生前“1”接点为高电平，Y0、Y1输出的是B0、B1输入端上的数据，抢答产生后为低电平，Y0、Y1输出的是A0、A1输入端上的数据。

（7）U10为双D触发器74HC74。这里只用了一组，作为RS触发器使用。其Q输出端接抢答锁存显示电路上的“2”接点，用74HC4075的低电平输出来对RS触发器置0，即将“2”接点置0电平，达到限时关闭抢答的目的。只有当主持人按下启动开关，RS触发器才被置1。

（8）U11为双单稳态电路74HC221。它的第1个单稳态触发器是用暂稳态来复位BCD加减计数器74HC192，暂稳态时间很短，用产生抢答锁存低电平的下降沿来触发。第2个单稳态触发器用暂稳态来接通声响电路的电源，暂稳态时间较长，同样用产生抢答锁存低电平的下降沿来触发。这就是说，抢答产生一瞬间，74HC192被复位，复位后就从00开始计数。与此同时，声响电源被接通，产生几秒的声响提示。

7.2.3 抢答声响提示电路设计

抢答声响提示电路采用最简设计，即音频信号取自32768Hz方波的6级分频，功放电路选用LM386，单5V电源供电，音响电路也安装在计时显示电路板上，用S8050作为电子开关，即用U11的第2个单稳态触发器的Q输出端暂稳态输出的高电平使S8050导通，LM386得电工作而产生音响提示。

7.3 16路抢答器电路板的焊接和调试

7.3.1 16路抢答判定及显示电路板的安装焊接

把图7-8所示电路中的所有元件全部焊接安装在一块9cm×15cm的万用电路板上。图7-10为实训电路板的焊接连线图。图7-11为实训电路板的元件定位图。

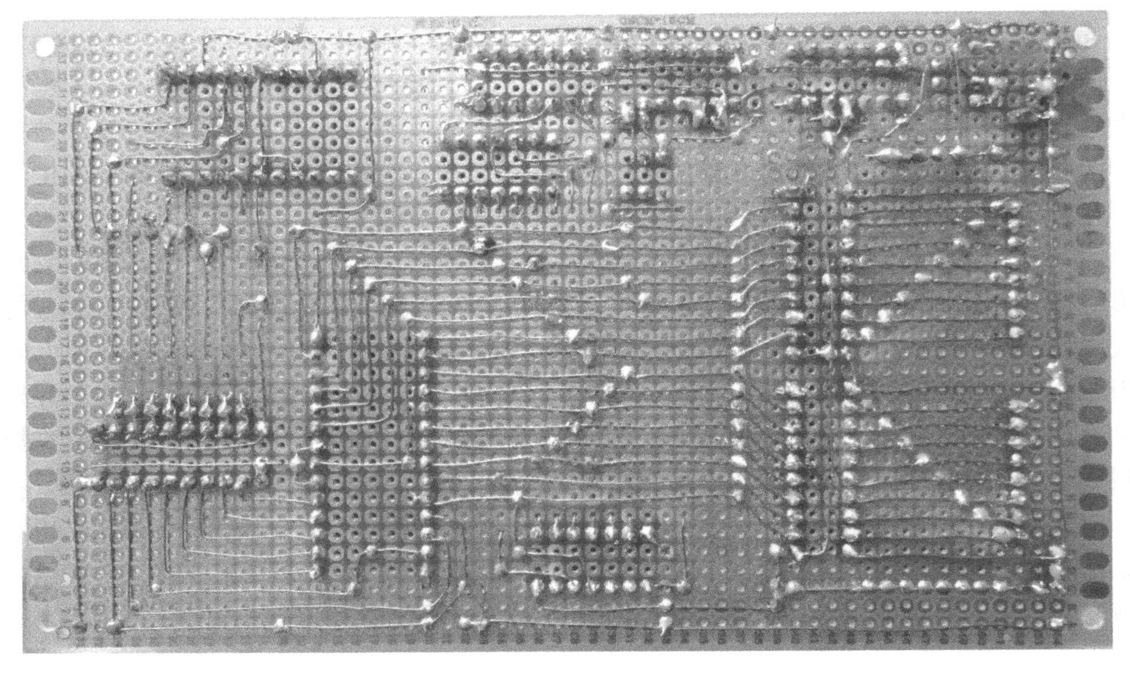

图7-10 16路抢答判定及显示电路板的焊接连线图

图 7-11　16 路抢答判定及显示电路板的元件定位图

在实训电路板的元件定位图中，最上面一排数字 IC 从左至右依次为 U1、U2 和 U3，U3 的下方是 U4；两竖直安装的 IC，上面为 U5，下面为 U6；U7 位于下边中部；U8 也为竖直安装，它右边是横向安装的 U9。U1 左边的按键开关是电源开关 K。U2 下方的按键开关是主持人掌控的抢答启动开关 A1，在 A1 上方的两针脚是并接在 A1 两端上的，用于连接机箱上的启动开关。U1 下方的两针脚和 U2 左下方的两针脚，从左至右分别标注为“1”、“2”、“4”和“3”，用于与计时控制及显示电路板相连接，以实现两块电路板间的互控。电路板左边的两组八针脚，用来连接 16 个抢答开关。U9 上面的那组八针脚接于 U9 的 8 个 Q 输出端上，用来连接大型号数码管的驱动电路，以满足抢答器进入实用场合时的大显示要求。

7.3.2　抢答计时控制及显示电路板的安装焊接

把图 7-9 所示电路中的所有元件全部焊接安装在一块 9cm×15cm 的万用电路板上。图 7-12 为实训电路板的元件定位图，图 7-13 为实训电路板的焊接连线图。

在如图 7-12 所示的实训电路板上，左上角的数字 IC 为 U1，U1 右边的是 U2，U2 右边的是 U6，U6 下方的是 U5，U5 左下角的是 U4，U4 下方是 U3，U6 右边是 U9，U9 下方是 U8，U8 下方是 U7，右上角的数字 IC 是 U10，U10 左下角的是 U11，U10 下方的是 U12。在 U1 的右侧有 4 个针脚，从下往上数的第一针脚是电路图中标注为“B”的接点；从下往上数的第二针脚为“D”接点。U6 上方面有 3 个针脚，从左往右数的第一脚是电路图中标注的“3”接点，第二脚为“B”接点，第三脚为“A”接点。U9 右上角有三个针脚，左起第一针脚是“4”接点，第二针脚是“1”接点。U10 上方的第一针脚为“2”接点，第二针脚为“C”接点。U5 右侧的针脚为“A”接点。U6 上方的针脚为“C”接点。U12 左上角的针脚为“D”接点。在这块电路板上，以字母标记的接点有 4 对，要用杜邦线按同名接点相连；以数字标记的接点有 4 个，要用杜邦线与抢答电路板按同名接点相连。另外，U2 上方的 2 针脚用来接秒计时终止按键开关，U1 第 4、第 5、第 14 脚上各焊接了 1 针脚，未用。

图 7-12　抢答计时控制及显示实训电路板的元件定位图

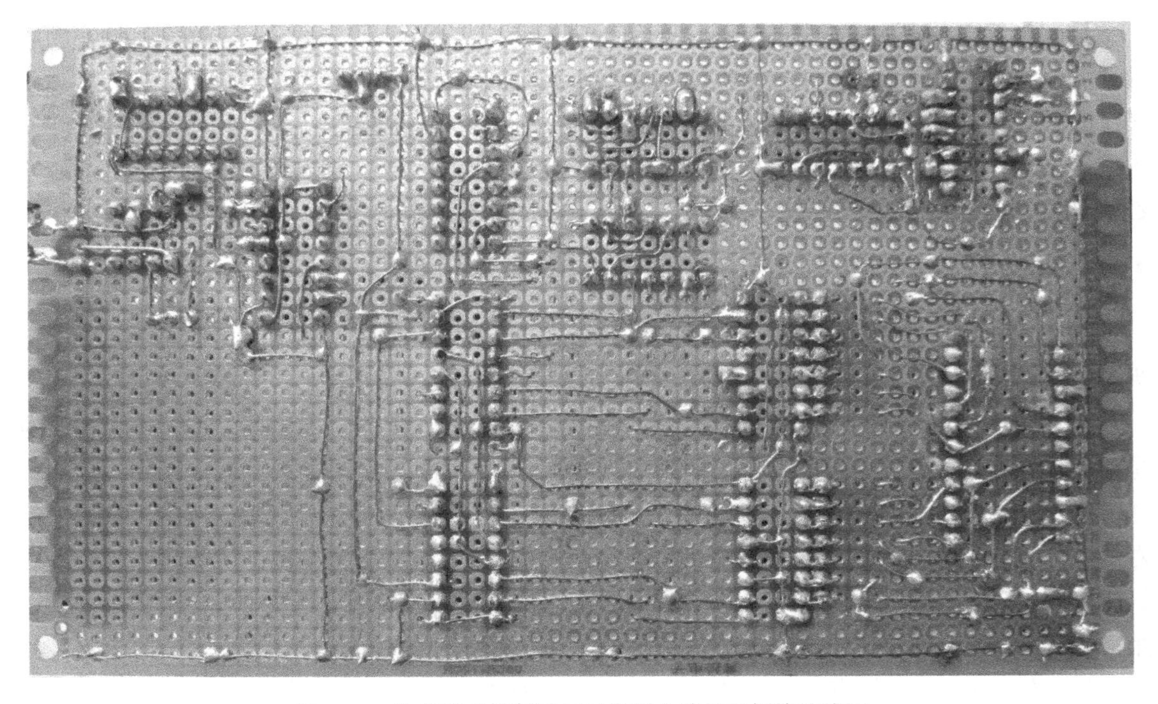

图 7-13　抢答计时控制及显示实训电路板的焊接连线图

7.3.3　抢答器通电调试

通电前先用万用电表检查电路板电源线间有无短路现象，没有短路问题再进行通电测试。通电前还要认真检查电路板上所有数字 IC 有无插错，没有任何问题才可通电。通电测试的顺序，是先测试 16 路抢答判定及显示电路板，再测试抢答计时控制及显示电路板，最后进行两块电路板的联调。

1. 16 路抢答判定及显示电路板的调试

由于 16 路抢答判定及显示电路板上的 4 个互连接点中，只有一个是受控接点，且这个接点上已接有上拉电阻，因此，16 路抢答判定及显示电路板能独立调试。通电后，首先按下并释放启动开关，然后再用接地导线碰触任一个外接开关用针脚，如立即显示出一个抢答组号，则抢答判定及显示电路板工作基本正常。若没有任何显示，则按以下步骤进行检查。

（1）在通电状态下，用万用电表检查各数字集成块 VCC 端的对地电压，应全为+5V，若发现有异常者，借此就查出了可能的原因。

若电压正常但仍无显示，则故障不在此处，检查还要往下进行。

（2）关断电源，将 U9（74HC573）从其 IC 插座上取下，接通电源后，用接地导线分别接触 U9 IC 插座上的 8 个 Q 输出端，数码管相应笔段相应发亮，若有问题，故障可能找到，即数码管或其连线有问题。

如数码管 8 个笔段都能相应发亮，则故障不在此处，检查还要往下进行。

（3）再次关断电源，将 U9 插回其 IC 座，另将 U4（74HC30）、U7（74HC30）和 U8（W27C512）均从其 IC 插座上取下，接通电源。先用万用表检查 U9 的第 1 脚（电压，应为 0V，再检查 U9 的第 11 脚（LE 端）电压，应为+5V，另用接地导线分别接触 U8（W27C512）IC 座上的 8 个 D 端，数码管相应笔段相应发亮，若有问题，故障可能找到，即 U9 或其连线焊接有问题。

如数码管 8 个笔段都能相应发亮，则故障不在此处，检查还要往下进行。

（4）再次关断电源，将 U8（W27C512）插回其 IC 座，接通电源，首先用万用电表检查 U8 的第 20 脚（CE 端）和第 22 脚（OE 端）电压，应均为 0V。这两个电压不正常就必须先处理正确。再依次检查 U8（W27C512）的 16 根地址引脚上的电压，应均为+5V，这 16 个电压不正常就先处理成正常。用接地导线接触 16 针脚（用于外接抢答开关）最下面的针脚，对应的 A0 地址引脚电压变为 0V，这些条件必须满足，此时数码管相应显示抢答组号“1”。若有问题，故障找到，即 U8 或其连线焊接有问题。

这步检查最为关键，当检查工作进行到此，当保证了 W27C512 的工作用电源电压正常，其 CE 和 OE 为 0V，其地址线引脚有 15 只为+5V，有一只为 0V，数码管就应当显示一抢答组号，否则 U8（W27C512）就一定有问题。当然，这片 W27C512 必须是经我们编程和检验正确的。

当这步检查是 16 根地址线上的电压值有问题，即不能保证有 15 根地址线上的电压为+5V 且另 1 根地址线上的电压为 0V 时，检查往下进行。

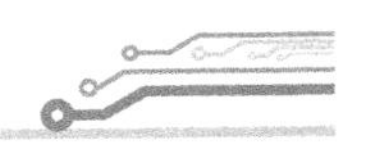

（5）检查在通电状态下进行。用万用表检查 U5（74HC573）和 U6（74HC573）第 1 脚（OE 端）电压，均应为 0V，第 11 脚（LE 端）电压均应为+5V，这是两片 74HC573 正常工作的必要条件。若它们的第 11 脚不为+5V，就要先强制其为+5V，可将 U1 取下，并将两 74HC573 的第 11 脚直接接+5V。在 U5 和 U6 的 OE 脚均为 0V，LE 脚为+5V 的前提下，用万用表检查 U5 和 U6 的各 D 输入端，均应为+5V，否则 U5 和 U6 有问题或其输入端连线焊接有问题。当这 16 个抢答输入 D 端电压均正常（为+5V）时，就用万用表一一检查对应的 16 个 Q 输出端的电压，均应为+5V，否则 U5 或 U6 有质量问题。当 U5 和 U6 的 16 个 Q 输出端电压均为+5V 时，用接地导线依次接触 U5 和 U6 的 16 个 D 输入端，同步一一检查对应 Q 输出端的电压，能相应变为 0V 则正常，否则 U5 或 U6 有质量问题。

检查到此，就能保证电路进入基本正常状态，即用接地导线依次接触 16 针脚（用于外接抢答开关）时，数码管相应显示其抢答组号。

关断电源，将 U4、U7 和 U1 均插回其 IC 座，再接通电源。按下并释放启动开关，此时数码管应无显示，用接地导线接触 16 针脚（用于外接抢答开关）最下面的针脚，数码管应显示出抢答组号“1”，再用接地导线接触 16 针脚（用于外接抢答开关）的其余针脚，数码管显示依然保持显示“1”不变，即抢答结果被锁存，则该电路板安装成功。若接地导线接触 16 针脚（用于外接抢答开关）时可显示抢答组号，但一离开就无显示，就说明锁存电路有问题，就还要往下检查。

（6）用接地导线接触 16 针脚（用于外接抢答开关）最下面的针脚并保持接触，用万用电表检查 U5 和 U6 第 11 脚（LE 端），若电压为 0V 而不能锁存，则可断定是 U5 或 U6 有质量问题。

若其第 11 脚（LE 端）电压检查为+5V，则说明是锁存电路有问题。检查须往下进行。

（7）用接地导线接触 16 针脚（用于外接抢答开关）最下面的针脚并保持接触，数码管显示“1”的状态下，用万用电表检查 U7（74HC30）第 8 脚电压，应为+5V，否则 U7 有问题。若 U7 第 8 脚电压正常，则检查 U3（74HC32）第 8 脚电压，也应为 5V，否则 U3 有问题。若 U7 第 8 脚电压正常，则检查 U2（74HC00）第 9 脚电压和第 10 脚电压，均应为+5V，若这两脚电压不正常，就是这两脚连线焊接有问题，非常容易检查出具体原因；若 U2 第 9 脚第 10 脚电压正常，则检查 U2 第 8 脚电压，应为 0V，若不是 0V，则 U2 有质量问题。若 U2 第 8 脚电压为 0V，则检查 U1（74HC08）第 13 脚电压，应为 0V，否则是第 13 脚连线焊接上有问题。若 U1 第 13 脚电压为 0V，则检查 U1 第 11 脚电压，应为 0V，否则 74HC08 有质量问题。若 74HC08 第 11 脚电压为 0V（正常），则只可能是 74HC08 第 11 脚与两 74HC573 的 LE 脚连线焊接上有问题，可非常容易查出原因。

至此，抢答锁存电路板就能实现抢答锁存显示功能。抢答锁存功能实现后，按下并释放启动开关，应使数码管显示被清除，即能解除锁存状态，若不能实现清除和解除，则只要检查启动开关及其连线焊接质量，就可实现清除功能。

这就完成了 16 路抢答判定及显示电路板的通电调试。

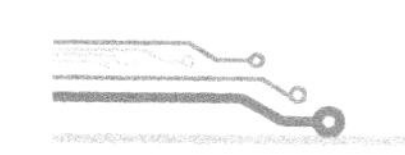

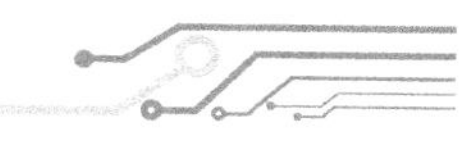

2. 抢答计时控制及显示电路板的调试

抢答计时控制及显示电路板，是在 4.11.1 节的 74HC192 实训电路上，进行功能扩充设计而成的，必要时可借助 4.11.1 节的实训经验，来进行抢答计时控制及显示电路板的调试。

通电前，先将计时控制及显示电路板上，用字母标记的四对接点用杜邦线互连。通电后，要用万用表检查各数字 IC 电源引脚上的工作电压，首先保证数字 IC 的基本工作条件。

（1）通电并观察数码管显示状况，由于此时与抢答判定及显示电路板还没有连接互控接点，因此秒计数显示不可能正常，即数码管显示可能相当紊乱，就暂且不管它。先用万用表检查 U1（CD4060）第 3 脚电压，能出现指针摆动就行。否则，就要认真检查 U1 外围的晶振电路元件及各脚电压，找出 CD4060 没有方波输出的原因，确保 U1 正常工作。

（2）暂用三根杜邦线，只将抢答计时控制及显示电路板和抢答判定及显示电路板上标记为“1”、“3”和“4”的接点对互连，标记为“2”的接点对暂不相连。这样，即使抢答计时控制及显示电路板还存在某些故障，也不至于影响抢答判定及显示电路板的正常工作。通电后，在抢答判定及显示电路板上，按下并释放启动开关，应能出现倒计时秒显示；再用接地导线接触用于外接抢答开关的针脚，应能产生提示声响，秒的倒计时也改为从 00 开始的顺计时，当然也要显示相应抢答组号。

3. 抢答器的功能联调

另用一根杜邦线，将两块电路板上的“2”接点对相连。通电后抢答器开始工作。

（1）按下并释放启动开关，抢答重新开始，即从 60 开始倒计时，且无抢答组号显示。当倒计时为 00 值时，将产生提示声响，秒显示停止在 00 值上，且所有抢答开关被禁止操作，保持抢答组号无显示。

（2）按下并释放启动开关，抢答重新开始，即从 60 开始倒计时，且无抢答组号显示。用接地导线接触用于外接抢答开关的针脚，立即显示抢答组号，同时产生提示声响，秒的倒计时也改为从 00 开始的顺计时，再用接地导线接触外接抢答开关的其他一些针脚，抢答器当无任何反应，只要不按秒计数终止开关，两位数的秒顺计时不断重复 00～99 的计秒过程。若短接一下外接终止开关的两针脚，秒计数立即停止并保持其所计数值。

（3）按下并释放启动开关，抢答重新开始，即从 60 开始倒计时，且无抢答组号显示。按一下秒计数终止开关，秒计数立即停止并保持其倒计数值。

这样，就实现了抢答器的全部设计功能。图 7-14 是抢答器功能联调的一个图示。在本书所配套的电子教案（PPT 形式）中，有一段 16 路抢答器功能测试的视频资料，可供参考。

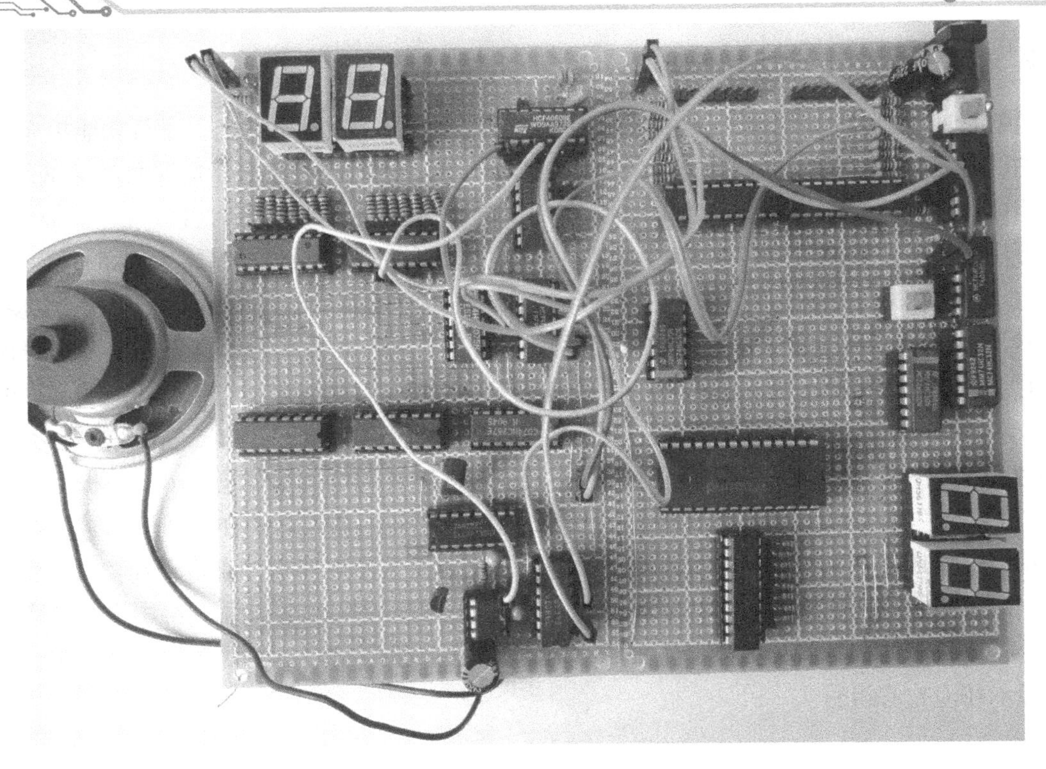

图 7-14　16 路抢答器功能联调示意图

7.4　把实训抢答器引向实用抢答器

我们制作的 16 路抢答器具有很高的性能，完全能进入正规场合使用，当然，还须做以下处理。

1. 使用大尺寸数码管

在抢答电路板和计时控制显示电路板上，所安装的数码管显示尺寸都很小，只能用于电路实训，实训成功后，若要投入实际使用，数码管应更换为大型尺寸的器件（可自制或购买），以满足大型活动的需要。抢答组号显示数码管要尽可能大，尽量让其醒目，秒计时数码管应小一些。增加使用大尺寸的数码管时，大尺寸数码管的每段笔画电极都要增加三极管电流放大器。两块电路板上都已考虑了使用大型数码管的接口，其中，抢答组号显示对外驱动是低电平有效，两位秒显示对外驱动是高电平有效，接笔段驱动的三极管时，需要区别处理。

2. 使用大音量声响功放

16 路抢答器所使用的声响电路非常简单，进入大型场合的气派不够。一方面信号源取自 CD4060 的方波分频，音色差，另一方面，5V 电压下 LM386 输出功率不够，应采用音色好、音量大的音频电路。可把电路中的 LM386 换成继电器，用继电器去控制音响电路的电源。

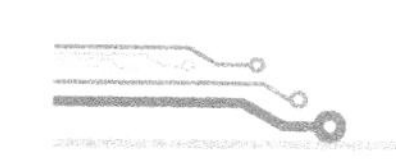

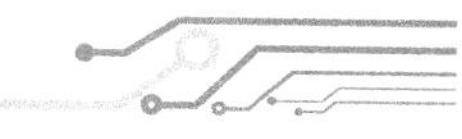

3. 自制机箱

必须把电路板及电源部件等装入机箱，抢答器才可能实际应用。机箱正面上要亮出大型数码管，机箱侧面上要安装 18 个ϕ2.5 的耳塞插座，以接驳 16 个抢答开关、1 个启动开关、1 个终止秒计数开关。

小　结　7

16 路实用抢答器的设计与制作实训，是对前面所学数字 IC 应用技术的高度综合和提升。实训让我们从简单的数字 IC 引脚排列、功能表和功能验证等学习，走进了数字系统的应用设计。

参 考 文 献

[1] 集成电路应用编辑部. 美国莫托洛拉 MC54/74HC 系列高速 CMOS 手册[M]. 1986.

[2] 郝鸿安. 常用数字集成电路应用手册[M]. 北京：中国计量出版社，1987.

[3] 丁志杰，赵宏图，梁森. 数字电路——分析与设计[M]. 北京：北京理工大学出版社，2007.

反侵权盗版声明